DK 620.17:691.77

FORSCHUNGSBERICHTE
DES WIRTSCHAFTS- UND VERKEHRSMINISTERIUMS
NORDRHEIN-WESTFALEN

Herausgegeben von Staatssekretär Prof. Dr. h. c. Dr. E. h. Leo Brandt

Nr. 487

Prof. Dipl.-Ing. Walter Blume

Ingenieur-Büro für Leichtbau und Strömungstechnik,
Duisburg-Ruhrort

Festigkeitseigenschaften kombinierter Leichtbaustoffe im Hinblick auf die Verkehrstechnik, insbesondere des Flugzeugbaus

Als Manuskript gedruckt

WESTDEUTSCHER VERLAG / KÖLN UND OPLADEN

1958

ISBN 978-3-663-03646-3 ISBN 978-3-663-04835-0 (eBook)
DOI 10.1007/978-3-663-04835-0

Forschungsberichte des Wirtschafts- und Verkehrsministeriums Nordrhein-Westfalen

Gliederung

1. Bezeichnung der Abkürzungen . . . . S. 6
   1.1 Einführung . . . . S. 7
   1.2 Aufgabenstellung . . . . S. 8
2. Entwicklung zur Verbundbauweise . . . . S. 9
3. Konstruktive und fertigungstechnische Überlegungen zum Ausbau des Versuchsflügels . . . . S. 10
   3.1 Auswahl des Versuchsflügels . . . . S. 10
   3.2 Schäummethoden . . . . S. 11
      3.21 Das Formschäumen . . . . S. 11
      3.22 Das Kernschäumen . . . . S. 12
   3.3 Beschreibung des Flügelaufbaues als Doppelschale mit Formschäumen . . . . S. 12
   3.4 Flügel - Bauvorrichtung . . . . S. 13
4. Anforderungen an Schaum und seine Verwendung im Flugzeugbau . . S. 13
   4.1 Chemische Zusammensetzung des Schaumes . . . . S. 14
   4.2 Struktur des Schaumes . . . . S. 14
   4.3 Einhaltung der Schaumdichte . . . . S. 15
   4.4 Haftfähigkeit zwischen Deckblech und Schaum . . . . S. 15
   4.5 Wärmebeständigkeit . . . . S. 16
   4.6 Gießbarkeit in Hohlkörper . . . . S. 16
   4.7 Mechanische Bearbeitbarkeit in der Werkstatt . . . . S. 17
   4.8 Schwunderscheinungen . . . . S. 17
   4.9 Brandschutz durch Zugabe eines Brandschutzmittels . . . . S. 17
   4.10 Wasserabweisende Eigenschaft . . . . S. 18
   4.11 Löslichkeit in Öl und Treibstoffen . . . . S. 18
   4.12 Prüfmethode . . . . S. 18
5. Allgemeine Übersicht über die Berechnungsverfahren für Verbundbauteile und Sichtung der bekanntgewordenen Literatur . S. 19
   5.1 Übersicht über Berechnungsgrundlagen . . . . S. 19
   5.2 Literaturzusammenstellung . . . . S. 24
   5.3 Berechnungsgang für Verbundbauteile (mit Angabe von Arbeitsdiagrammen) . . . . S..25
      5.31 Knittern . . . . S. 26
      5.32 Plattenknicken ohne seitliche Führung . . . . S. 27

Forschungsberichte des Wirtschafts- und Verkehrsministeriums Nordrhein-Westfalen

      5.33 Plattenknicken mit seitlicher Führung (gestützt). . . . S. 28

      5.34 Schubbeulen ebener Verbundplatten . . . . S. 31

      5.35 Druckbeulen zylindrischer Verbundschalen . . . S. 32

6. Knickversuche mit Verbundplatten aus AlCuMg F-44 pl.
und Moltopren . . . . S. 33

     6.1 Versuchsmaterial und Probenform . . . . S. 34

     6.2 Versuchsdurchführung . . . . S. 35

     6.3 Darstellung der Versuchsergebnisse . . . . S. 35

     6.4 Versuchsauswertung und Ergebnisse . . . . S. 36

7. Gewichtsvergleich von Druckgliedern verschiedener Bauweise
mit besonderer Berücksichtigung der Schaum-Verbundweise . . . S. 38

     7.1 Aequivalentspannungen von Schaum-Verbundplatten . . . S. 38

     7.2 Vergleich der Aequivalentspannung verschiedener
Bauweisen abhängig vom Kennwert der Belastung . . . . S. 41

8. Zusammenfassung . . . . S. 44

9. Anhang . . . . S. 47

10. Literaturverzeichnis . . . . S. 82

Forschungsberichte des Wirtschafts- und Verkehrsministeriums Nordrhein-Westfalen

Der nachstehende Bericht gibt die Ergebnisse von Untersuchungen wieder, die zur Ermittlung der Möglichkeit einer Anwendung von kombinierten Leichtbaustoffen aus Leichtmetall und Schaum in der Verkehrstechnik angestellt wurden. Die mit besonderer Berücksichtigung des Flugzeugbaus durchgeführten Arbeiten sollten die Grundlagen zur konstruktiven und festigkeitsmäßigen Gestaltung von Bauteilen aufzeigen und die Möglichkeit einer praktischen Anwendung im Flugzeugbau beleuchten. Die Verschäumungen und die damit erzielten Versuchsergebnisse entsprechen dem Stand der Technik bis Anfang 1954. In Fortsetzung dieser Arbeiten erzielte Verbesserungen in der Verfahrenstechnik stellten eine Weiterentwicklung dar, durch welche wichtige Anforderungen an den Schaumstoff weitgehend erfüllt werden und hinsichtlich des erforderlichen Baugewichtes verbesserte Gütewerte zu erwarten sind. Dem Ministerium für Wirtschaft und Verkehr des Landes Nordrhein-Westfalen sei für die tatkräftige Unterstützung dieser Arbeiten bestens gedankt.

1. Bezeichnungen

a	Länge
b, B	Breite
c,	Dicke der Schaumschicht
d	Gesamtdicke der Platte
E	Elastizitätsmodul
E_T	Tangentenmodul
F	Fläche
G	Schubmodul
i	Trägheitsradius
K	Beulkoeffizient
r	Kennwert
S-150	Bezeichnung für Schaum mit spec. Gewicht 150 kg/m³
t	Wandstärke der Deckbleche
ß	$\dfrac{\lambda/2}{b}$
γ	spezifisches Gewicht
λ	Wellenlänge oder Schlankheitsgrad
η	E_T/E

Index o bezieht sich auf den Stützstoff
Index 1 bezieht sich auf Deckschicht

Forschungsberichte des Wirtschafts- und Verkehrsministeriums Nordrhein-Westfalen

1.1 Einführung

Beim Übergang von der früher allgemein üblichen Holmbauweise zur Schalenbauweise ergab sich die Notwendigkeit, das Ausbeulen der kräfteführenden, verhältnismäßig dünnen Hautbleche durch geeignete Aussteifungsprofile entweder ganz oder teilweise zu verhindern. Die dabei vorhandenen Nachteile sind bekannt:

a) Die Zahl der Einzelteile ist sehr groß.

b) Der Aufwand an Vorrichtungen zum Zusammenbau dieser Vielzahl von Einzelteilen ist erschreckend hoch.

c) Die Arbeitszeit für das Verbinden von Haut und Stringer ist im Betrieb außerordentlich hoch, da genietete Bauteile eine hohe Zahl an Nieten erfordern.

Auch das Kleben als Verbindungsverfahren des modernen Flugzeugbaues erfordert verhältnismäßig lange Arbeitszeiten.

Die Kosten für die Fertigung solcher Bauteile liegen sehr hoch.

d) Die an jedem Nietloch vorhandene Kerbwirkung bewirkt vor allem bei auf Zug beanspruchten Baugliedern eine erhöhte Ermüdungsgefahr. Diese Tatsache ist zu einem der wichtigsten Probleme des modernen Flugzeugbaues geworden.

e) Das Studium der Vorgänge in der Grenzschicht eines umströmten Profils läßt die Forderung auf äußerste Maßhaltigkeit, Profiltreue und Profilglätte erstehen. Die geforderte Genauigkeit überschreitet bei weitem das Maß, das bei dem Schlagen von Nieten auch mit versenktem Nietkopf erreichbar ist.

f) Es sei auch auf die Erhöhung des Zeitaufwandes in den Konstruktions- und Betriebsbüros hingewiesen. Jedes im Flugzeug verwendete Teil bis zum einzelnen Niet muß in irgendeiner Form zeichnerisch nach Größe und Lage festgelegt und gekennzeichnet werden. Abhängig von der Vielzahl der Einzelteile ergibt sich eine Ausweitung der Entwicklungsarbeiten, deren Kosten unbedingt einer Senkung bedürfen.

Die Forderung nach leichtester Bemessung der Bauteile im Flugzeugbau unter Vermeidung der angeführten Nachteile führt allgemein auf die kontinuierlich gegen Beulen gestützte Platte, somit auf Schalen einer Verbundkonstruktion von kräfteführenden Deckplatten und einem besonders leichten

Stützstoff. Die Verbindung der Deckbleche aus Leichtmetall und einem starren Schaum als Stützkörper läßt folgende grundlegende Vorteile erhoffen:

a) Leichtes Gewicht durch hohe Materialausnützung der kräfteführenden Deckbleche.

b) Hohe Festigkeit und Steifigkeit der Verbundkonstruktion durch gleichzeitige Ausnützung sehr hoher Beulspannungen.

c) Glatte Oberfläche der Außenhaut für günstigsten Strömungsverlauf und Vermeidung von Störungen der Grenzschicht eines Flügelprofils.

d) Einfache Herausstellung mit geringem Aufwand an Vorrichtungen durch das Ausschäumen vorgeformter Hohlkörper.

e) Billige Herstellungskosten durch einfaches Herstellungsverfahren.

1.2 Aufgabenstellung

Es wurde daher die Aufgabe gestellt, die Möglichkeit der Verwendung der Verbundbauweise Leichtmetall-Schaum im Flugzeugbau zu untersuchen, Grundlagen der Festigkeitseigenschaften zur Bemessung von Verbundbauteilen zu erstellen und die Anwendung der Verbundkonstruktion im Flugzeugbau an Hand geeigneter Beispiele zu erproben. Insbesondere war gedacht, für den Tragflügel eines modernen Segelflugzeuges die konstruktiven, vorrichtungs- und festigkeitsmäßigen Untersuchungen vorzunehmen und die Voraussetzungen für den Bau und die Erprobung dieses Flügels zu beschaffen.

Als Schaumstoff für die Verbundglieder wurde das starre Moltopren der Farbwerke Bayer Leverkusen gewählt, welche für die Gemeinschaftsarbeit mit dem Ingenieur-Büro Prof. BLUME den Schaumstoff für die erforderlichen Versuchsstücke zur Verfügung stellten und die Herstellung der Versuchsstücke übernahmen. Die für die Versuche benötigten Leichtmetallbleche wurden von den Vereinigten Leichtmetallwerken, Bonn, bereitgestellt. Beiden Werken sei an dieser Stelle für die freundliche Unterstützung dieser Arbeit bestens gedankt.

Der Gang der Untersuchungen gliedert sich wie folgt:

<u>Abschnitt 2.</u> Nach einem Hinweis auf die Entwicklung der Verbundbauweise und die Wahl eines Flügels als Versuchsobjekt werden in

Abschnitt 3 die Schaummethoden und der konstruktive Aufbau des Flügels wie zugehörigen Bauvorrichtungen beschrieben.

Abschnitt 4 Hier sind die Anforderungen zusammengestellt, die an den Schaum bei seiner Verwendung im Flugzeugbau gestellt werden müssen.

Abschnitt 5 gibt eine Übersicht über die Berechnungsverfahren für Verbundbauteile in der Literatur, während in

Abschnitt 6 über durchgeführte Druckversuche mit Verbundplatten aus Leichtmetall-Schaum und deren Ergebnis berichtet wird.

Abschnitt 7. Für Druckglieder verschiedener Bauweisen wird ein Vergleich der Gewichte gegeben mit besonderer Berücksichtigung der Schaumverbundkonstruktion.

2. Entwicklung zur Verbundbauweise

Es ist das Ziel der Verbundbauweise, durch die Verbindung der kräfteführenden Deckschichten mit einem leichten Füllstoff eine an jeder Stelle der Deckschicht wirkende Stützung zu erzielen. Damit soll die Stabilität dieser Deckschicht bei beliebiger Belastung in Plattenebene wesentlich erhöht werden und auch bei diesen Deckschichten hohe Materialausnutzung und eine glatte und beulfreie Oberfläche ermöglichen.

Die Herstellung solcher Füllstoffe geht weit in die Jahre vor dem 2. Weltkrieg zurück. Möglichkeiten über technische Anwendung wurden im Jahre 1942 in dem Patent 763 356 (Erfinder: Ludwig WAGENSEIL) dargestellt, wobei auf die gesteigerte Kraftaufnahmefähigkeit der Deckschichten mit verschiedenen Ausführungsformen hingewiesen wurde.

Zur praktischen Anwendung im Großen gelangte die Sandwichplatte in dem englischen Bomberflugzeug Mosquito des 2. Weltkrieges, dessen tragender Verband im Flügel aus Sperrholzplatten mit Balsaholzeinlagen als Stützmaterial ausgebildet war. Ausreichende Steifigkeit und Widerstandsfähigkeit gegen Ausbeulen waren die Vorteile dieser Bauart.

Nach dem Kriege setzte vor allem in den USA eine ausgedehnte Erforschung dieser Verbundkonstruktionen ein. Eine große Zahl von theoretischen Arbeiten über die Festigkeit und Berechnung solcher Bauteile wurde veröffentlicht. Die Praxis führte zu den bekannten Honigwabenstützstoffen aus geklebten Aluminiumfolien, die mit sehr dünnen Leichtmetalldeckblechen zu Verbundplatten verbunden wurden. Die Herstellung dieser Waben geschah in großen Wabenblöcken, die durch mechanische Bearbeitung auf die gewünschten Abmaße gebracht werden. Folienstärke und Wabengröße können den Bedürfnissen angepaßt werden. Besondere Wabenformen ermöglichen auch eine räumliche Krümmung und Verformbarkeit der Waben. Die Festigkeiten solcher Metallsandwichplatten sind sehr hoch, leider aber auch deren Herstellungskosten im Vergleich zur gewohnten Bauweise.

Die Entwicklung der Kunststoffe ermöglichte die Herstellung starrer Schäume, die bei besonders geringem spezifischen Gewicht noch gute mechanische Eigenschaften aufweisen. Sie eignen sich als schall- und wärmeisolierende Stoffe, vor allem auch als Stützstoffe von Beulblechen. Auf Zugbelastung sollte Schaum nicht beansprucht werden.

In Deutschland entstand bei den Farbenfabriken Bayer, Leverkusen, das "Moltopren starr", während in den USA Lockfoam und Stafoam durch ihre frühzeitige Anwendung an Flugzeugbauteilen bekannt wurden.

Das spezifische Gewicht des Schaumes läßt sich in weiten Grenzen von ca. 25 : 700 gr/dm^3 variieren. Der Schaum läßt sich in flüssigem Zustand in geschlossene Räume wie Schalen und doppelwandige Platten gießen, und unter Erzeugung von Druck und Wärme aufschäumen. Nach dem Aufschäumen ergibt sich durch die Haftung des Schaumes an der Deckplatte die Stützung der Deckbleche gegen Beulen. Die Deckbleche übernehmen allein die Übertragung der Kräfte. In Abbildung 1 bis 5 sind nach Firmenangaben einige mechanische Eigenschaftswerte wie Druck- Zug- Scherfestigkeit sowie Elastizitäts- und Gleitmodul angegeben.

3. Konstruktive und fertigungstechnische Überlegungen zum Aufbau des Versuchsflügels

3.1 Auswahl des Versuchsflügels

Für den Tragflügel eines Hochleistungssegelflugzeuges sollte parallel zu einer Holzkonstruktion eine geeignete Verbundbauweise aus Leichtmetall (Al Cu Mg II) und Moltopren entwickelt werden. Der Flügel hatte folgende Abmessungen:

Flügelfläche	18,4 m^2
Spannweite	19 m
Flügeltiefe innen	1,3 m
außen	0,54 m
Dickenverhältnis des Profils	14 %
Flächenbelastung	27,16 kg/m^2
Bruchlastvielfaches beim Abfangen	8

Die Biegemomente des Flügels sollten durch eine tragende, nach dem Profil gekrümmte Doppelschale aufgenommen werden. Außen- und Innenhaut können in ihrer Stärke verschieden sein. Ein Steg in 55 % der Tiefe bildet den Abschluß des äußerst steifen Torsionskastens. Eine Verdimensionierung ließ erkennen, daß die Einhaltung eines durch andere Bauweisen vorgegebenen Flügelgewichtes nur bei stärkster Ausdimensionierung möglich sein würde. Die genaue Kenntnis der Tragfähigkeit ausgeschäumter Platten und Schalen auf Grund von Versuchen war erforderlich.

3.2 Schäummethoden

Für die Wahl der Verbundbauweise war vorauszusetzen, daß hohe Festigkeit sich mit leichtem Baugewicht vereinen und die Oberfläche vollkommen glatt und profiltreu herstellen läßt. Für den Aufbau der Konstruktion war besonders zu beachten, daß eine einfache Fertigung und hiermit verbunden eine beträchtliche Kostensenkung möglich wurde. Eine baldige wirtschaftliche Ausnutzung war anzustreben.

Maßgebend für die Konstruktion ist die Wahl der Schäummethode. Wir unterscheiden:

das Formschäumen und
das Kernschäumen.

Beide Schäummethoden wurden hinsichtlich ihrer Eignung, ihrer Vor- und Nachteile untersucht und sollen im folgenden beschrieben werden.

3.21 Das Formschäumen

Das Schaummaterial wird in den auszuschäumenden Innenraum des Bauteiles in flüssigem Zustand eingegossen und füllt beim Schäumen den gesamten Innenraum aus. Durch den enstehenden Schaumdruck ergibt sich ein gleichmäßiges, feinporiges Gefüge mit guter Haftung am Bauteil. Dem Vorteil des Fortfalls besonderer Klebearbeiten steht der Nachteil einer notwendigen Versteifung der Bauvorrichtung entgegen, die zur Aufnahme des entstehenden Schaumdruckes erforderlich ist.

Selbstverständlich setzt das Gelingen des Formschäumens größerer Bauteile noch umfangreiche Fertigungs-Vorversuche hinsichtlich der günstigsten Einfüll- und Entlüftungsstellen vor allem bei krassen Querschnittsübergängen zur Vermeidung von Luftblasen und Fehlstellen voraus. Mit zunehmender Erfahrung lassen sich diese Schwierigkeiten wohl überwinden und machen das Formschäumen zur einfachsten und naheliegendsten Fertigungsmethode.

3.22 Das Kernschäumen

Der Schaumkern wird in einer druckfesten Vorrichtung mit vergrößerten Abmaßen aufgeschäumt, wobei Innenteile der Konstruktion bereits eingelegt sein können. Der Schaumkern muß dann auf die verlangte Umrißform und Dicke abgearbeitet und mit der Außenhaut beklebt werden. Diese Beziehmethode hat den Vorteil, daß Fehlstellen im Schaum, die dicht an dem Behäutungsblech liegen und dessen Festigkeit herabsetzen würden, leicht erkannt und ausgebessert werden könnten. Nachteilig jedoch wäre das Aufkleben der Behäutung in einem besonderen Arbeitsgang sowie die Bearbeitung der Schaumoberfläche nach genauen Strakmaßen. Die hierfür infrage kommende maschinelle Bearbeitung der Flügelkontur würde eine abwickelbare Haut voraussetzen. Bei dem vorgenannten Versuchsobjekt könnte dies aus aerodynamischen Gründen nicht verwirklicht werden, außerdem erschienen die Entwicklungskosten dieser Bearbeitungsmaschine vorerst nicht tragbar. Erwähnt sei jedoch, daß parallel hierzu gleiche Überlegungen in den USA zur Entwicklung einer Art Bandsäge geführt hat, bei welcher der Schaumkern eines Großserien-Flügels nach der Profilform gesteuert wird (Aircraft Eng. July 1954, S. 227).

3.3 Beschreibung des Flügelaufbaues als Doppelschale mit Anwendung des Formschäumens

Es wurde vorgesehen, den Flügel als Doppelschale aufzubauen (Abb. 6). Ein Holm in 55 % Tiefe erlaubt gerade die Ausnutzung der maximal herstellbaren Breite des äußeren Hautbleches. Es ist durchgehend konisch gewalzt, so daß Hautstöße in Richtung der Profiltiefe vermieden werden. An Stelle von Nieten soll weitgehend die Metallklebung Anwendung finden.

Forschungsberichte des Wirtschafts- und Verkehrsministeriums Nordrhein-Westfalen

Das Innenblech auf Ober- und Unterseite des Flügels reicht vom Holm bis etwa zur Flügelnase. Es besitzt keine Krümmung und ist daher einfacher und billiger herzustellen.

Außenhaut und Innenhaut werden miteinander an den Rändern verbunden, daß Hohlräume von normaler Ausdehnung entstehen. Beide Schalenhälften der Ober- und Unterseite werden in einem Vorrichtungsbett (Malle) hergestellt und aufgeschäumt, das sich über die gesamte Flügelspannweite erstreckt. Die Mallen besitzen bereits die genaue Profilform. Beide Schalenhälften sind jedoch im Nasenbereich auseinander geklappt, um Zugänglichkeit für die Schaum-Mischmaschine auf der Innenseite zu bekommen.

Nach dem Ausschäumen erfolgt das Zusammenbiegen der Außenhaut durch Schwenkung der beiden Profilhälften um die Profilnase und ihre Verbindung durch einfache Abschlußnietung am Steg.

3.4 Flügel - Bauvorrichtung

Sie besteht für Ober- und Unterseite aus je einer Malle, die von je einem dicken Rohr und Rippen getragen werden und durch hydraulische Zylinder in vorgegebenen Bahnen schwenkbar sind. Die Malle muß den entstehenden Schaumdruck aufnehmen können und ist demgemäß zu dimensionieren. Falls bei flachen und langgestreckten Bauteilen die beim Schäumvorgang entstehende Wärme zu stark abgeleitet wird, kann es erforderlich sein, die Malle heizbar auszuführen und vorzuwärmen.

Die Ausschäumvorrichtung wird mit Fixierstiften auf die Malle aufgesetzt und hält das Innenblech in der richtigen Lage zur Flügelbehäutung. Auch diese Ausschäumvorrichtung hat den Schaumdruck auf das Innenblech aufzunehmen.

4. Anforderungen an Schaum und seine Verwendung im Flugzeugbau

Die Methode zur Herstellung schaumversteifter Sandwichplatten war bei Beginn dieser Untersuchungen im Jahre 1953 nur im Grundsatz bekannt. Für die praktische Herstellung größerer Verbundbauteile fehlte jedoch noch jegliche Erfahrung wie auch die Kenntnis des maßgebenden Einflusses, den viele Faktoren auf Güte, Gleichmäßigkeit, Festigkeit und Sicherheit der Verbundkörper haben.

Andererseits war ebenfalls völlig unbekannt, welche quantitativen und qualitativen Forderungen an einen Schaum und seine Anwendung im Flugzeugbau gestellt werden müssen.

Aus der Erfahrung heraus, die während der praktischen Fertigung der Versuchsstücke und Verbundbauteile durch die Farbenfabriken Bayer, Leverkusen, gesammelt wurde, sollen nachstehend die wichtigsten Anforderungen angegeben werden, die hinsichtlich der Materialeigenschaften, der Fertigung und insbesondere der Festigkeit und Sicherheit an den Schaum gestellt werden müssen. Auf welche Weise sie erfüllt werden, muß der Entwicklung der Schäume durch die Herstellerwerke überlassen werden.

4.1 Chemische Zusammensetzung des Schaumes

Die Herstellung des Schaumes erfolgt durch ein inniges Vermischen mehrerer Bestandteile entweder von Hand oder in einer Mischmaschine. Die Zusammensetzung dieser Mischung ist äußerst mannigfaltig und richtet sich nach den gestellten Anforderungen hinsichtlich besonderer Eigenschaften. Sie muß daher genau festgelegt und reproduzierbar sein, um die garantierten mechanischen und elastischen Eigenschaften jederzeit erfüllen zu können. Als kennzeichnende Eigenschaften dienen z.B. der Elastizitätsmodul, der Gleitmodul sowie die Druck- und Schubfestigkeit des Schaumes.

4.2 Struktur des Schaumes

Der Schaum besitzt eine Porenstruktur. Die Porengröße hat zwar im Bereich feiner Bläschen nur wenig Einfluß auf die mechanischen Eigenschaften des Schaumes. Bei der Vielzahl der Möglichkeiten der chemischen Zusammensetzung sind jedoch größere Abweichungen von der Normalstruktur zu vermeiden, insbesondere ist auf nachstehende Punkte besonders streng zu achten:

    a) Gleichförmigkeit der Schaumstruktur über den ganzen Querschnitt hinweg muß gewährleistet sein.

    b) Das Auftreten von größerer Lunkerbildung und Lufteinschlüssen ist nicht zulässig. Ihre höchst zulässige Größe wäre festzulegen.

    c) Fremdkörpereinschlüsse sind zu vermeiden.

Forschungsberichte des Wirtschafts- und Verkehrsministeriums Nordrhein-Westfalen

4.3 Einhaltung der Schaumdichte

a) Es muß möglich sein, durch geeignete Zusammensetzung der Schaum-Komponenten und richtige Dosierung ein vorher festgelegtes Raumgewicht mit ausreichender Genauigkeit einzuhalten. Diese bereitete bei Beginn der Untersuchungen sehr große Schwierigkeiten, kann heute jedoch nach mündlicher Zusicherung der Farbenfabriken Bayer, Leverkusen, als gesichert betrachtet werden.

b) Die Dichte muß über den ganzen Querschnitt hinweg konstant sein. Ausnahmen sind möglich, wenn dies besonders erwünscht ist und durch entsprechende Maßnahmen verwirklicht wird. So ist es heute möglich, den Schaum in der Nähe der Deckplatten durch Einlage einer Kunstfasermatte zu verdichten.

4.4 Haftfähigkeit zwischen Deckblech und Schaum

Der Haftung des Schaumes an den Deckplatten ist ganz besondere Aufmerksamkeit zu schenken. Sie ist selbstverständlich von fundamentaler Bedeutung für die Festigkeit und Sicherheit der Konstruktion. Am Anfang häufig aufgetretene Ausfälle konnten nach Angabe der Farbenfabriken Bayer durch intensive Forschung und groß angelegte Versuchsreihen ausgeschieden werden. Auf Holz ist die Haftung des Schaumes sehr gut. Die Haftung auf Metall erfordert z.T. besondere Maßnahmen wie z.B. einen Klebevorstrich auf dem Blech. Für besonders gute Haftfähigkeit empfiehlt die amerikanische Nopko Chemical Company eine nachträgliche Wärmebehandlung zwischen 60 u. 150° C. Wichtig ist auch die offene Zeit, d.h. die Zeit zwischen dem Auftragen des Vorstriches und dem Aufschäumen, die zwischen einer halben und zwei Stunden liegen soll. Diese Zeitspanne ist für große Bauteile zu kurz und würde sich in der Fertigung oft störend auswirken. Im Interesse der Fertigung ergeht hier an die Forschung der dringende Wunsch, auf eine wesentliche Erhöhung dieser offenen Zeit bedacht zu sein. Es handelt sich hier um ganz ähnliche Verhältnisse wie beim Metallkleben. Folgende Punkte sind durch Versuche zu klären und <u>festzulegen:</u>

1. Art des zu verwendenden Klebers

2. Genaues Verfahren der Anwendung des Klebers wie Art der Auftragung und Dicke der Kleberschicht.

3. Grenzwerte für die offene Zeit
4. Art der Oberflächenbehandlung bei verschiedenen Metallen mit und ohne Plattierschichten.

4.5 Wärmebeständigkeit

Zur Zeit der Untersuchung war eine Verwendung des Schaumes über 80° C nicht möglich. Neuere Andeutungen lassen erkennen, daß nunmehr doppelt so hohe Temperaturen ertragen werden.

Zu fordern wären sicher ertragbare Temperaturen ohne Festigkeitsabfall:

bei Flügen im Unterschallgebiet von -50° bis +80° C,
bei Flügen im Überschallgebiet von -50° bis zur maximalen Aufheiztemperatur, die abhängig ist von der Fluggeschwindigkeit.

4.6 Gießbarkeit in Hohlkörper

Die Möglichkeit des Formschäumens bildet einen wesentlichen Vorzug der Schaumverbundweise. Wichtig sind hierbei:

a) Kenntnis des Schaumdruckes im Hohlkörper. Ausbildung der Vorrichtungen zur Aufnahme von ca. 4 kg/cm^2 Überdruck. Ein freies Schäumen ohne Anpreßdruck ist nicht ratsam. Der Schaumdruck bewirkt ein restloses Ausschäumen des Hohlraumes, höheren Verdichtungsgrad und Schaumdichte, bessere Haftfähigkeit am Deckblech sowie eine gleichmäßige Ausbildung des Schaumgefüges.

b) Feststellung der günstigsten Schaumgeschwindigkeit durch geeignete Zugabe eines Aktivierungsmittels. Beeinflußt wird hierdurch die Größe des Schaumdruckes und seine Auswirkungen. Eine starre Festlegung ist nicht möglich, da erst die Erprobung am entsprechend geformten Bauteil selbst die günstigsten Verhältnisse aufzeigen kann.

c) Regulierung der Aktivierungswärme bei __dünnen__ Schaumquerschnitten durch Beheizung der Vorrichtung auf ca. 70° C bei __dicken__ Querschnitten durch geeignete Abführung der entstehenden Wärme.

Auch hier ist eine Erprobung unter den wirklichen Verhältnissen erforderlich.

d) Weiterhin sind bei großen Bauteilen, ungleichmäßigen und stark sich ändernden Querschnittsformen folgende Punkte zu beachten und evtl. im Einzelfall festzulegen:

Stellung und Lagerung des Bauteiles beim Schäumen

Anzahl und Lage der Einfüllstellen

günstigste Druck- und Steigbedingungen

gute Entlüftungsmöglichkeit

Einspritzen des Schaummaterials unter Druck.

4.7 Mechanische Bearbeitbarkeit in der Werkstatt

Schaumstoffe allein lassen sich leicht schneiden, sägen und fräsen.

Bei fertiggeschäumten Verbundteilen besteht die Gefahr, daß bei der maschinellen Bearbeitung das Deckblech vom Schaum abgerissen wird. Der Druck bei der Bearbeitung muß immer das Deckblech an den Schaum andrücken. Richtlinien für die Werkstätten sind aufzustellen.

Verbindungen durch Nageln oder Schrauben ist nicht möglich. Schaumstoffteile müssen durch Kleben verbunden werden.

Weitere Forderungen hinsichtlich der <u>Materialeigenschaften:</u>

4.8 Schwunderscheinungen

Vermeiden von Schwunderscheinungen im Ausmaß einer Beeinträchtigung der Festigkeit durch Schwundrisse im Material oder Ablösung des Schaumes von der Deckschicht.

4.9 Brandschutz durch Zugabe eines Brandschutzmittels

Die Verminderung der Entflammbarkeit an einer offenen Flamme ist durch Zusatz eines Brandschutzmittels möglich. Unerwünscht ist dessen weitere Wirkung als "Weichmacher", was eine Verminderung der Festigkeit bedeutet.

Eine völlige Beseitigung der Brennbarkeit wird sich daher in praktischen Fällen nicht erreichen lassen.

Als Forderung dürfte genügen, daß

a) der Schaum nur schwer entflammbar ist

b) nach Wegnahme der Flamme der Schaum nicht mehr allein weiter brennt.

4.10 Wasserabweisende Eigenschaft

Schaum muß unbedingt wasserabweisend sein. Ein Aufsaugen von Feuchtigkeit wäre unzulässig.

4.11 Löslichkeit in Öl und Treibstoffgemischen

Chemikalien insbesondere Öl und Treibstoffgemische sollten möglichst den Schaum nicht angreifen. Schaumteile im Flugzeugbau sind vor Benetzung mit Ölen und Treibstoffen zu schützen, auf Leckverluste von Leitungen sowie Verluste beim Tanken ist zu achten. Hinweise hierfür sind in die Wartungs- und Bedienvorschriften aufzunehmen.

4.12 Prüfmethode

Einer zerstörungsfreien Prüfmethode muß besondere Beachtung geschenkt werden. Anzustreben wären:

die Prüfung des Schaumes auf Lunker, Risse und größere Fehlstellen am fertig ausgeschäumten Werkstück. Meßgeräte sollten dabei aus Gründen der Zugänglichkeit nur einseitig auf dem Werkstück anzusetzen sein,

die Prüfung der gleichmäßigen und fehlerfreien Haftung des Schaumes an den Deckschichten,

hoher Grad der Genauigkeit und Zuverlässigkeit der Prüfmethode,

die Möglichkeit der Anwendung einer rasch arbeitenden Prüfmethode auch in der Serienfertigung.

Zur Zeit ist kein Verfahren bekannt, das hinsichtlich dieser Forderung befriedigen würde. In Frage kämen vielleicht:

1. das Ultraschallverfahren

    Beschallung mit Ultraschall und Messung der durchgelassenen Energie, die damit Änderungen durch Fehlstellen aufzeigt. Dieses Prinzip des Sonometers der Firma Lehfeld erfordert jedoch Sende- und Empfangskopf getrennt auf verschiedenen Seiten des Bauteils.

    Erwünscht wäre es, durch Messung von reflektierten Schallimpulsen nach dem Prinzip "Echoskop" die Güte von Schaum und Verklebung festzustellen. Unseres Wissens nach haben Untersuchungen hierüber jedoch noch nicht zu einem befriedigenden Ergebnis geführt.

Forschungsberichte des Wirtschafts- und Verkehrsministeriums Nordrhein-Westfalen

2. Mechanisches Schwingungsverfahren

Nach Veröffentlichung der Firma Douglas Aircraft Co. wird das Bauteil durch Ultraschall in mechanischen Schwingungen sehr hoher Frequenz versetzt. Aufgestreute Sandkörner sondern sich genau an den Stellen fehlender Haftung ab.

Diese Methode ist einfach, rasch durchzuführen, billig und auch für Serienfabrikation geeignet. Ihre Genauigkeit und Zuverlässigkeit wäre noch zu überprüfen. Erprobt wurde das Verfahren bei Sandwichbauteilen mit Honigwaben aus Al oder Papier. Beim Schaum müßte die Haftung an der Deckschicht gleichfalls zu prüfen sein, während das Auffinden von Lunkern und Rissen im Schaum wahrscheinlich größere Schwierigkeiten bereiten wird.

Beim Abschluß der vorliegenden Untersuchungen war eine sichere, zerstörungsfreie Prüfmethode in Deutschland noch nicht erprobt.

5. Allgemeine Übersicht über die Berechnungsverfahren für Verbundbauteile und Sichtung der bekanntgewordenen Literatur

Nach dem 2. Weltkrieg entstanden so zahlreiche Untersuchungen über die Festigkeit und Berechnungsmethoden der Verbundbauweise, daß eine Sichtung und Auswahl der Berechnungsmethoden getroffen werden mußte. Das Ziel war, die theoretisch ermittelten Festigkeiten mit Versuchsergebnissen zu vergleichen und in Übereinstimmung zu bringen. Die nachstehend aufgeführten Arbeiten stellen eine Übersicht über die für die Berechnung herangezogenen Untersuchungen dar. Obwohl allgemein die Deckschichten aus Metall, Holz oder Kunststoffen, die Stützstoffe aus Balsaholz, Schaum oder Leichtmetall und Glasfaserstoffe in Honigwabenform bestehen können, soll im folgenden das Augenmerk hauptsächlich auf Leichtmetall-Deckbleche mit Schaumstoff-Zwischenlage gerichtet werden.

5.1 Allgemeine Übersicht über Berechnungsgrundlagen

Die Tragfähigkeit an Verbundgliedern ist abhängig von:

1. der Art der Beanspruchung,
2. dem Größenverhältnis von Plattendicke und Breite zur Wandstärke
3. der Randbedingungen der Lagerung

4. der Art und den Eigenschaften des Stützstoffes, vor allem dem Schubmodul

5. den Materialeigenschaften der Deckschichten.

Als mögliche Bruchformen lassen sich unterscheiden:

1. das langwellige Knicken der Gesamtplatte, abhängig vor allem von der Steifigkeit

2. das Schubknicken bei sehr geringer Schubsteifigkeit des Stützstoffes

3. das kurzwellige Knicken als sogenanntes "Knittern".

In einer im Jahr 1949 erschienenen Arbeit von JACOBI (19) wird in Deutschland über Festigkeitsversuche an einfachen kurzen Stäben berichtet, deren theoretischer Teil sich z.T. auf Arbeiten des Auslandes bezieht.

Die optimale Knick- und Beullast von Stäben (21b) und von gelenkig gelagerten Platten (21c) in Verbundkonstruktion wurde bereits während des Krieges von FLÜGGE und MARGUERRE behandelt. Eine Fortsetzung jener Arbeiten stellt die von beiden Verfassern nach dem Krieg fertiggestellte Arbeit (21d) über

"Die optimale Bemessung der gedrückten Platte"

dar. Zur Einarbeitung in die Festigkeitsberechnung von Sandwich-Konstruktionen war diese Arbeit von Herrn Prof. M. in dankenswerter Weise zur Einsicht überlassen worden. Das Ziel dieser Untersuchungen war, für die gedrückte Platte an Verbundkonstruktionen einen anschaulichen Weg zur raschen Bestimmung der optimalen Abmessungen zu finden. Vereinfachende Annahmen über konstante spez. Steifigkeit ($\frac{E_o}{\gamma_o}$ = konst.) und über den Ersatz des Spannungs-Dehnungsverlaufes im außerelastischen Gebiet wurden getroffen. Die Bedingungen für drei mögliche Bruchformen, das langwellige Biegeknicken, das Schubknicken, bei dem sich infolge geringer Schubsteifigkeit des Stützstoffes die beiden Tragschichten gegeneinander verschieben, und das kurzwellige Knittern wurden mit Hilfe geeigneter Parameter durch räumliche Kurven und Flächen graphisch dargestellt. Unterschieden wurden 2 Diagramme, nach denen entweder für eine vorgegebene Belastung die optimalen Abmessungen festgestellt werden können, oder für vorgegebene Abmessungen die optimal ertragbare Last bestimmt werden kann. Die Diagramme sind ausgezeichnet geeignet, rasch einen Überblick über mögliche Optimalverhältnisse zu bekommen. Eine Veröffentlichung dieser Arbeit wäre sehr zu begrüßen.

Das Studium einer großen Zahl ausländischer Veröffentlichungen ergab, daß in England und den U.S.A. hauptsächlich Abhandlungen über die theoretischen Berechnungen von Verbund-Platten und -schalen erschienen waren, jedoch sehr wenige Versuchsergebnisse zur Stützung der Berechnung mitgeteilt wurden.

Im elastischen Bereich, d.h. bei Beanspruchungen des Deckmaterials unterhalb der Proportionalitätsgrenze, wird die Tragfähigkeit beim Knicken maßgebend durch die Schubkorrektur des weichen Füllmaterials beeinflußt. Besonders anschaulich ist dies von GOODIER (12) mit Berücksichtigung der sich beim Bruch einstellenden Wellenlänge dargestellt.

GOUGH, ELAM und de BRUYNE leiten in (13) Formeln für die Knitterspannung schaumgestützter Bleche ab und finden ihre Abhängigkeit von den Steifigkeitswerten des Deckblech- und Stützstoff-Materials zu:

$$\sigma_{knitter} = 0{,}65 \sqrt[3]{E_1 \cdot E_o^2} \qquad (1)$$

Aus Versuchen finden HOFF und MAUTNER (15), daß diese theoretische Knitterspannung z.T. bis zu 38% unterschritten wird und empfehlen die Abminderung des theoretischen Wertes. Sie zeigen, daß der Schaum nie ganz homogen ist. Bei Biegung ist nun jeder Querschnitt gleichmäßig an der Verformung beteiligt, so daß der wirksame E-Modul als arithmetisches Mittel der Werte über den gesamten Querschnitt erscheint. Bei Knickbeanspruchung ist der an jeder Stelle vorhandene Wert des E-Moduls maßgebend; die Stellen großer Scherdeformation sind Stellen verminderter Steigkeit und bestimmen örtlich den Eintritt des Bruches. Unregelmäßigkeiten im Schubmodul vermindern daher dierekt die Beulspannung.

In einer weiteren Arbeit (14) beschreiben HOFF und MAUTNER versuche mit Verbundplatten aus Hartpapier und Stützstoff und geben Gleichungen zur Bestimmung der kritischen Knitterspannung bei symmetrischer und unsymmetrischer Bruchform an.

Bei der unsymmetrischen Form sind die Wellen der beiden Seiten um $\pi/2$ verschoben. Stellt C/t das Verhältnis der Stützstoffdicke zur Blechstärke dar, so ergab sich:

bei kleinem $\frac{c}{t} < 18$ die unsymmetr. Bruchform

bei großem $\frac{c}{t} > 18$ die symmetrische Bruchf.

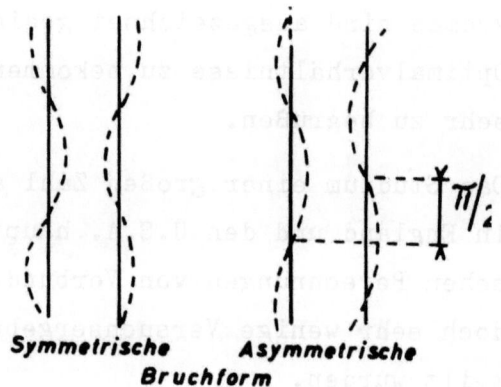

Symmetrische Bruchform   Asymmetrische Bruchform

Die Knitterspannung ist unabhängig von den geometrischen Abmessungen und ist nur bestimmt durch den Schubmodul des Stützstoffes und dem E-Modul des Beplankungsmaterials. Ihre absolute Größe streute sehr, so daß die von HOFF vorgeschlagene kritische Spannung

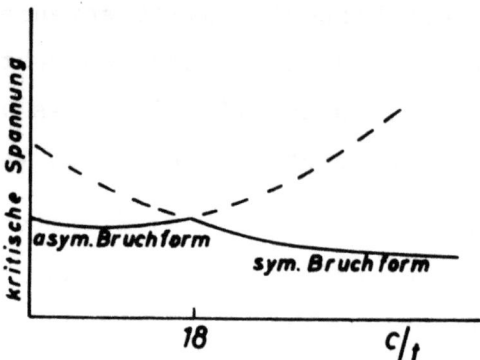

$$\sigma_{crit} \text{ (min)} = 0{,}5 \sqrt[3]{E_1 \cdot E_o \cdot G_o} \qquad (2)$$

den unteren Grenzwert der Versuchswerte darstellt, wobei sich E_o und G_o auf die Richtung senkrecht zur Mittelebene beziehen. Wie weit diese Annahme bei den eigenen Versuchen zutrifft, wird bei deren Auswertung später erläutert.

Knicken und Beulen

BIJLAARD hat in seiner Arbeit (8) "Analysis of the Elastic and Platic Stability of Sandwich Plates by the Method of Split Rigidities" die Ergebnisse verschiedener eigener Abhandlungen zusammengefaßt. Mittels der Methode der getrennten Steifigkeiten stellt er die kritische Last einer Sandwichplatte beim asymmetrischen Beulen als Summe dreier Beullasten dar

$$P_{crit.} = P_o + \frac{1}{\left(\frac{1}{P_1} + \frac{1}{P_2}\right)}$$

Hierin bedeuten:

P_o = die kritische Last der Einzelbleche bei vorhandener Eigensteifigkeit

P_1 = die kritische Last der Gesamtplatte bei tatsächlich vorhandener Biegefestigkeit, wobei die Schubsteifigkeit des Stützstoffes unendlich groß angenommen wird.

P_2 = die kritische Last bei tatsächlich vorhandener Schubsteifigkeit des Stützstoffes und unendlich großer Biegesteifigkeit der Gesamtplatte.

Alle drei Knicklasten sollen die gleiche Halbwellenlänge $\lambda/2$ besitzen, die so zu wählen ist, daß $P_{krit.}$ ein Minimum wird.

Die Ableitung berücksichtigt also die Verformungen im Stützstoff durch Schub infolge seines kleinen Schubmoduls, während die Schubdeformation der Deckbleche als klein im Vergleich hierzu vernachlässigt wird. Auch die Dehnungen des Stützstoffes in Richtung senkrecht zur Plattenebene können in den praktischen Fällen des Plattenbeulens im Bereich $\frac{\lambda/2}{b} \geq 5$ vernachlässigt werden, was jedoch beim kurzwelligen Knittern nicht mehr zulässig ist.

BIJLAARD gibt diese kritischen Lasten tabellarisch und z.T. graphisch für verschiedene Belastungsarten wie Druck einachsig und zweiachsig, Schub sowie überlagertem Druck und Schub, für verschiedenen Lager- und Randbedingungen an, und zwar abhängig von der Halbwellenlänge bzw. von dem Verhältnis Halbwellenlänge/Breite:

$$\beta = \frac{\lambda/2}{b}$$

sowie den Steifigkeitswerten des einzelnen Falles.

Beulen: (plastisch)

Im Bereich plastischer Verformung der Deckbleche ist die Beulspannung abhängig vom Tangentenmodul E_T, so daß die elastische Spannung im Verhältnis $\eta = E_T/E$ abzumindern ist.

Für Avional sind die η-Werte graphisch ebenfalls abhängig von β dargestellt. Bei quergedrückten und allseitig gedrückten Platten ist jedoch P_2 unabhängig von der Form der Durchbiegung. Die Platte beult in der Form, die P_0 und P_1 allein zu ei-

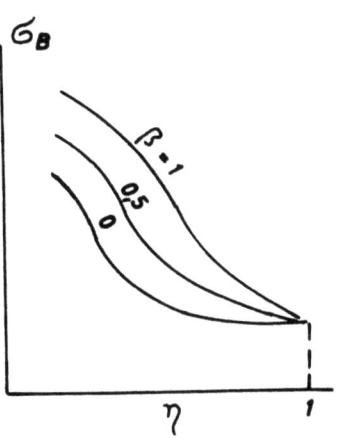

nem Minimum macht. Dies aber erfolgt unabhängig von β. Man erhält also für diese Fälle nur jeweils eine Kurve für η.

Knittern: (plastisch)

Überschreitet beim Knittern nach Gleichung 1 die Spannung die Proportionalgrenze, so ist ebenfalls für den Elast.-Modul E der Tangentenmodul $E_T = \eta$ E zu setzen. Damit wird die Knitterspannung abgemindert proportional der 3. Wurzel aus η also:

$$\sigma_{\text{Knittern pl}} = \sqrt[3]{\eta} \cdot \sigma_{\text{knitt. elast.}} \qquad (3)$$

Das η ist beim Knittern bei verschwindender Wellenlänge ($\beta = 0$) einzusetzen.

SEIDE (28) hat für gedrückte Platten von endlicher und unendlicher Länge die kritische Beulspannung sowohl bei seitlicher Stützung wie auch seitlicher Einspannung angegeben. Der Beulkoeffizient K ist graphisch in Abhängigkeit vom Schubparameter "r" dargestellt.

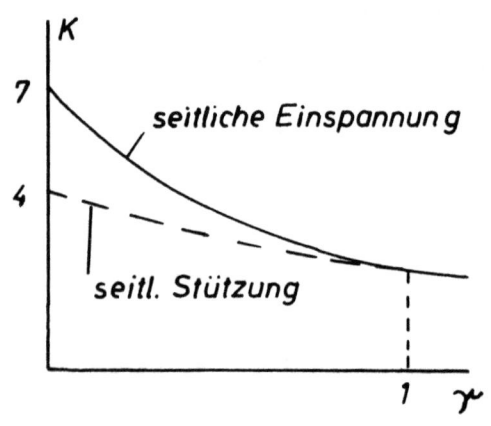

Für unendlich lange Platten ist bei sehr kleinem Schubparameter "r", also steifem Schaum, die kritische Beulspannung bei seitlicher Stützung. Mit abnehmender Steifigkeit des Stützstoffes, entsprechend größerem "r", nimmt der Einfluß der seitlichen Einspannung rasch ab, so daß bald zwischen seitlicher Stützung und Einspannung kein Unterschied mehr besteht. Bei sehr weichem Stützsoff ($r > 1$) ist die kritische Beulspannung nur abhängig von der Schubsteifigkeit des Schaums.

Auch HOFF gibt in (17) und (18) für rechtwnklige Verbundplatten endlicher Länge die kritische Beullast bei einfacher Stützung und bei Einspannung an den Seiten an. Für die Berechnungsmethode wird auf Abbildung 13 verwiesen.

5.2 Literaturzusammenstellung

Hinsichtlich der Beanspruchungsart kann folgende sachliche Einteilung der ausländischen Veröffentlichungen im angeführten Literaturverzeichnis vorgenommen werden:

Forschungsberichte des Wirtschafts- und Verkehrsministeriums Nordrhein-Westfalen

a) Beulen von auf Druck oder Schub belasteten Platten:

Nr.im Literaturverzeichnis	Verfasser	Literaturstelle
(12)	GOODIER	J. Aer. Scs. Okt. 51
(13)	GOUGH ELAM de BRUYNE	J. Roy. Aer. Soc. Juni 40
(14)	HOFF & MAUTNER	J. Aer. Scs. July 45
(17)	" "	NACA TN 2225
(18)	" "	NACA TN 2556
(28)	SEIDE	NACA Rep. 2637
(8)	BIJLAARD	J. Aer. Sc. Mai 51 (siehe auch dort Literaturverz.)
(31)	STOWELL	NACA TN 1990 Dez. 49

b) Beulen von auf Druck belasteten Zylindern und Teilschalen

(33)	TEICHMANN	J. Aer. Sc. Juni 51
(30)	STEIN	NACA TN 2601

c) Biegung von Platten

(15)	HOFF & MAUTNER	J. Aer. Sc. Dez. 48
(24)	REISSNER	J. Aer. Sc. July 48
	"	NACA Rep. 975
(20)	KUO TAI YEN	NACA TN 2581

d) Biegung von Schalen

(9)	CHI TEH WANG u. SULLIVAN	J. Aer. Eng. Juni 51
	TEICHMANN	Shermann Fairchild Tund Paper Nr. FF 4 Inst. of Aer. Sc.

Ein Gesamtverzeichnis der aufgeführten Literatur befindet sich am Schluß des Berichtes.

5.3 Anleitung zur Berechnung von Verbundbauteilen mit Angabe von Arbeitsdiagrammen

Für die praktische Berechnung von Verbundbauteilen ist es ratsam, aus den überaus zahlreichen Literaturangaben einen Auszug in Form einer Anleitung zu geben.

Im folgenden geschieht dies für:

  a) das kurzwellige Knittern
  b) das Plattenknicken ohne seitliche Führung
  c) das Plattenknicken mit seitlicher Führung
  d) das Beulen unter Schub für ebene Platten
  e) das Beulen unter Druck von zylindr. Schalen

Zahlenmäßige Angaben mit Knittern und Plattenknicken beziehen sich auf Verbundbauteile von LM - Deckblechen aus AlCuMg F-44 pl. mit Schaum Motopren verschiedener Dichte. Hierfür liegen auch eigene Versuche vor, die in einem späteren Abschnitt besprochen werden.

5.31 Knittern

Neben dem langwelligen Knicken und Beulen ist stets das kurzwellige "Knittern" zu untersuchen.

a) im <u>elastischen</u> Bereich ist nach GOUGH (13) und JACOBI (19) die Knitterspannung

$$\sigma_{knitt\,(1)} = 0{,}65 \cdot \sqrt[3]{E_1 \cdot E_o^2} = 0{,}82 \sqrt[3]{E_1 \cdot E_o \cdot G_o} \qquad (Gl.\ 1)$$

Auf Grund von Versuchen ergab sich nach HOFF ein <u>Minimalwert</u> der Knitterspannung von

$$\sigma_{knitt.\,(min)} = 0{,}50 \cdot \sqrt[3]{E_1 \cdot E_o \cdot G_o} \approx 0{,}61 \cdot \sigma_{kn\,(1)} \qquad (Gl.\ 2)$$

Den Elastizitätsmodul und den Gleitmodul von Moltopren in Abhängigkeit vom Raumgewicht zeigt Abbildung 7.

b) Im <u>unelastischen Bereich</u> für die Spannung der Deckbleche ist der Elastizitätsmodul E durch den Tang. Modul $E_T = \eta \cdot E$ zu ersetzen, wobei

$$\eta = \frac{E_T}{E} = \frac{\sigma_{pl.}}{\sigma_{el.}}$$

Damit wird die Knitterspannung:

$$\sigma_{knitt.(pl.)} = \sqrt[3]{\eta} \cdot \sigma_{knitt.(el.)} \qquad (Gl.\ 4)$$

Der η-Wert wird nach BIJLAARD (8) bei $\beta = 0$ gefunden, also bei verschwindender Halbwellenlänge. Für LM der Lg. AlCuMg F-44 zeigt Abbildung 9 die Abhängigkeit des η Wertes von σ pl.

Auch SHANLEY gibt in "Weight Strength Analysis of Aircraft Structures" auf S. 327 für das Material 24 ST. die Knickkurve $\sigma_k = f(\frac{l}{i})$ für den plastischen Bereich an. Daraus läßt sich $\eta = \frac{\sigma_{pl.}}{\sigma_{el.}}$ sowie die Knitterspannung nach Gleichung (4) berechnen.

Dieser Verlauf von η ergibt im plastischen Bereich etwas höhere Knitterspannungen als bei BIJLAARD. Abbildung 8 zeigt die Knitterspannung von LM - Schaumverbundplatten bei verschiedenem Schaumgewicht für verschiedene Annahmen der einzelnen Forscher.

5.32 Platten-Knicken ohne seitliche Führung

Die Knickspannung der nicht geführten Platte ist abhängig vom Schlankheitsgard $\lambda = l/i$ und wird beeinflußt durch die Schubkorrektur infolge der Schubweichheit des Stützmaterials. Bei Vernachlässigung der Eigenbiegesteifigkeit der Deckbleche wird nach HOFF & MAUTNER (15)

$$\sigma_{krit.} = \sigma_{Euler} \cdot \frac{1}{1 + \sigma_{Euler} \cdot F_1/G' \cdot d} \qquad (Gl.\ 5)$$

Hierbei ist

$$\sigma_{Euler} = \frac{\pi^2 \cdot E_1}{\lambda^2}$$

$$G' = G_0 / (1 - 2t/d)$$

$$F_1 = 2t \qquad (Gl.\ 5a)$$

damit wird:

$$\sigma_{krit.} = \frac{\sigma_{Euler}}{1 + \frac{\sigma_{Euler}}{G_0} \cdot \frac{2t}{d}(1 - \frac{2t}{d})}$$

Für λ^2 kann bei Platten gesetzt werden:

$$\lambda^2 = \left(\frac{1}{t}\right)^2 = \frac{1^2}{\left((d-t)/2\right)^2}$$

In den Abbildungen 24 bis 27 sind hiernach berechnete Knickspannungen abhängig von λ und d/t aufgetragen. Eine Abminderung der Spannungen im plastischen Bereich wurde hierbei nicht vorgenommen, da

1. bei <u>kleinen</u> λ - Werten die Spannungen durch die Knitterspannung nach oben begrenzt werden, bei größeren λ -Werten die Spannungen meist im elastischen Bereich liegen.

2. der genaue Verlauf des Tangentenmoduls nicht bekannt ist und der Einfluß in dem in Frage stehenden Bereich nach den Versuchsergebnissen nicht sehr groß ist.

5.33 Plattenknicken mit seitlicher Führung (gestützt)

Die Berechnung kann nach Arbeiten von "SEIDE" (28) oder von BIJLAARD (8) erfolgen. Nach "SEIDE" ist die Berechnung einfacher, man erhält jedoch kleinere Werte, die auch in eigenen Versuchen überschritten wurden.

1. Berechnung nach "SEIDE" (28)

   Der Faktor K für die kritische Spannung ist abhängig von der Größe des Schubparameters.

$$r = \frac{\pi^2}{2} \cdot \frac{E_1}{(1-\mu)^2} \cdot \frac{t(d-2t)}{G_o \cdot b^2} \qquad (Gl.6)$$

   Die Abhängigkeit $K = f(r)$ zeigt Abbildung 17.

   dabei gilt:

   a) für $r < 1,0$

   K ist aus Abbildung 17 zu entnehmen, die kritische Spannung wird:

$$\sigma_{krit.} = K \cdot \frac{\pi^2}{4} \cdot \frac{E_1}{(1-\mu^2)} \cdot \frac{(d-t)^2}{b^2} \qquad (Gl.7)$$

b) für $r \geq 1,0$

$$K = \frac{1}{r}$$

$$\underline{\sigma_{krit.} = \frac{1}{2} \cdot G_o \cdot \frac{(d-t)^2}{(d-2t) \cdot t} \approx \frac{1}{2} \cdot G_o \cdot \frac{d}{t}} \qquad (Gl.\ 8)$$

bei sehr weichem Stützstoff ($r > 1$) ist die kritische Spannung also nur vom Schubmodul des Stützstoffes abhängig.

In Abbildung 23 ist diese kritische Spannung für 3 Schaumdichten in Abhängigkeit von d/t aufgetragen. Die Grenzbedingung $r = 1$ läßt das maximale Breitenverhältnis $\frac{b}{t}$ angeben, bis zu welchem diese Spannungen Gültigkeit besitzen.

Bei größerem Breitenverhältnis wird $r < 1$, und die kritische Spannung muß nach Gleichung 5 mit Hilfe von K bestimmt werden.

2. Berechnung nach BIJLAARD (8)

Die Knickspannung ist abhängig von der Halbwellenlänge $\lambda/2$, so daß die Knicklasten als Funktion von $\beta = \frac{\lambda/2}{b} =$ Halbwellenlänge/Breite angegeben werden. Die kritische Spannung ist daher als Minimalwert bei der sich einstellenden Halbwellenlänge $\lambda/2$ und dem dazugehörigen β anzusehen.

Im elastischen Bereich sind die Knickspannungen für verschiedene Halbwellenlängen bzw. β zu bestimmen, woraus der kritische Minimalwert zu ersehen ist. Damit ergibt sich folgender Berechnungsgang:

Langwelliges Knicken elastisch	Ges. für Platte	für Deckblech	für Stützstoff
Gegeben: Wandstärke	d	t	c
Breite	b	-	-
Elastizitäts-Modul	E	E_1	-
Gleit-Modul			G_o
spezifisches Gewicht	γ	γ_1	γ_o

<u>Hilfswerte:</u> Biegesteifigkeit der beiden Bleche:

$$D_f = \frac{E_1 \cdot t^3}{(1-\mu^2) \cdot 6}$$

Biegesteifigkeit der Platte als Ganzes:

$$D_t = \frac{1}{2} \frac{E_1 \cdot t \cdot (d-t)^2}{(1-\mu^2)}$$

$$r = \frac{\pi^2 \cdot D_t (d-2t)}{b^2 \cdot G_o \cdot (d-t)^2}$$

<u>Berechnet</u> wird für verschiedene β-Werte (1,0; 0,8; 0,6 usw.)

β =	1,0	0,8	0,6
$K_o = f(\beta)$			
$\alpha = 1 + \beta^2$			
$\varphi = \dfrac{\alpha}{(\eta \cdot K_o \cdot r + \alpha)}$			
$D_e = D_f + \varphi \cdot D_t$			
$P_{krit.} = \eta \cdot \pi^2 \cdot \dfrac{D_e}{b^2} \cdot K_o$			
$\sigma_{Beul_{El}} = \dfrac{P_{krit.}}{2 \cdot t}$			

Die Auftragung $\sigma_{Beul} = f(\beta)$ ergibt die kritische Beul- und Knickspannung σ_{min} und den zugehörigen β_{min}-Wert sowie die sich einstellende Halbwellenlänge $\lambda/2 = \beta \cdot b$.

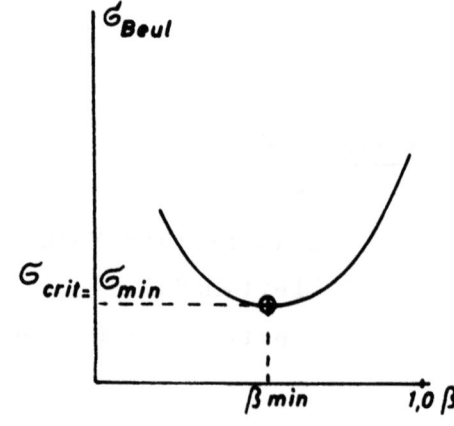

Für K_o ist zu setzen:

bei seitlicher Stützung $K_o = \dfrac{1}{\beta^2} + 2 + \beta^2$

bei seitlicher Einspann. $K_o = \dfrac{1}{\beta^2} + 2,5 + 5 \cdot \beta^2$

Für weitere Belastungsarten und Lagerbedingungen sei auf die Arbeit von BIJLAARD (8) in J,A,Scs, May 1957, verwiesen.

Setzt man zur Vereinfachung $\beta = 1$ ein, so erhält man im allgemeinen höhere kritische Spannungen. Eigene Versuchswerte standen damit noch am besten in Übereinstimmung.

Unelastischer Bereich

Überschreitet die kritische Spannung die Proportionalitätsgrenze, so ist die Spannung prop. dem Verhältnis $\eta = \dfrac{E_T}{E}$ abzumindern:

$$\sigma_{pl.} = \eta \cdot \sigma_{elast.} \qquad (Gl.9)$$

η ist um so kleiner, je größer die elast. Spannung ist.

In Abbildung 9 und 10 ist für seitlich gestützte bzw. seitlich eingespannte Platten aus Avional der Abminderungswert η abhängt von der plastischen Spannung $\sigma_{pl.}$ aufgetragen bei β-Werten zwischen 0 und 1. Nach der Berechnung von $\sigma_{elast.min}$ mit zugehörigem $\beta_{min.}$ hat man nach Abbildung 9 bis 10 bei diesem β-Wert den Wert η so zu bestimmen, daß $\eta \cdot \sigma_{elast.}$ gleich dem zugehörigen $\sigma_{pl.}$ wird. Die Bestimmung von $\sigma_{pl.}$ ist angenehmer, wenn man $\sigma_{elast.}$ abh. von η aufträgt, so daß bei bekanntem $\sigma_{elast.}$ und $\beta_{min.}$ sofort der genaue Wert η abgelesen werden kann. Liest man jedoch bei seitlicher Stützung den η-Wert nicht bei β_{min}, sondern zur Vereinfachung der Rechnung bei $\beta = 1$ ab, so erhält man etwas höhere Spannungen im unelastischen Bereich. Die Kurven für seitlich. gestütze Platten nach den Abbildungen 24 bis 27 sind für diese beiden Fälle gerechnet und zeigen größenmäßig den Einfluß der Annahme verschiedener β-Werte.

5.34 Schubbeulen ebener Verbundplatten

Bei Schubbelastung von Verbundplatten empfiehlt BIJLAARD in (8) mit einer Beulspannung:

$$\sigma_i = \tau \cdot \sqrt[2]{3} \qquad (Gl. 10)$$

zu rechnen. Der Rechnungsgang ist ähnlich wie bei reiner Druckbelastung, jedoch ist

a) der K_o - Wert abhängig vom $\beta = \frac{\lambda/2}{b}$ der graph. Darstellung nach Abbildung 11 zu entnehmen für seitliche Stützung oder für seitliche Einspannung.

b) der Wert $\alpha = \sqrt{1 + \beta^2}$

c) im plastischen Gebiet bei Avional mit einem η-Wert nach Abbildung 12 zu rechnen. Dabei ändert sich η nur wenig mit β, so daß mit genügender Genauigkeit für die Praxis die Abminderung der elast. Spannung bei β = 1 eingesetzt werden kann.

5.35 Beulen von zylindrischen Verbund-Schalen

Die kritische Beulspannung von unendlich langen, zylindrischen Verbundschalen sind nach TEICHMANN (33):

$$\sigma_{krit.} = K_c \cdot \frac{G_o}{2} \cdot \frac{(d-t)}{t} \qquad (Gl. 11)$$

Daher ist der Beulkoeffizient: $K_c = f \frac{(E_1 \cdot t)}{G_o \cdot R}$ der Abbildung 21 abhängig von diesem Kennwert zu entnehmen. Ist der Kennwert $\frac{(E_1 \cdot t)}{G_o \cdot R} > 0,95$, so wird K_c = 1 und die Knickspannung $\sigma_{krit.} = \frac{G_o}{2} \frac{(d-t)}{t}$ stimmt, überein mit dem Wert für ebene, seitlich geführte Platten mit weichen Stützstoff ($R = \infty$) nach SEIDE.

In Abbildung 22a sind für drei verschiedene Stützstoffe die kritischen Beulspannungen aufgetragen. Ausgehend vom gegebenen Krümmungsverhältnis R/t dienen die Kurven $K_e = f(R/t)$ als Leitlinien zur Bestimmung der krit. Spannung. Dabei kann das Verhältnis d/t noch beliebig gewählt werden.

Für Krümmungsverhältnisse R/t, für welche K_c = 1 wird und deren oberer Grenzwert abhängig ist vom Schubmodul des Schaumstoffes, zeigt Abbildung 22b die kritische Beulspannungen bei drei Schaumgewichten in Abhängigkeit vom Beplankungsverhältnis d/t. Versuche von TEICHMANN erstrecken sich nur über einen kleinen Bereich von R/t = 900 - 1300 und dem Verhältnis $d/t \approx 13$. Bei einer Blechstärke 0,27 mm war die Gesamtdicke nur 3 bis 4 mm stark.

Die Bruchspannungen lagen zwischen 500 und 1300 kg/cm^2. Wie weit die obige Formel auch bei erweitertem Bereich für den Kennwert, das Wandstärken- und Krümmungsverhältnis Gültigkeit besitzt, müßte durch Versuche nachgeprüft werden und würde eine dankbare Aufgabe eines Forschungsauftrages bedeuten.

STEIN gibt in TN 2601 die kritische Beulspannungen unter Berücksichtigung endlicher Länge und des Krümmungsradius an. Der Rechnungsgang ist aus der Zusammenstellung der Abbildung 13 ersichtlich. Ebenso werden Teilschalen endlicher Länge und Breite in der gleichen Arbeit behandelt.

In Abbildung 13 ist für Druckbelastungen von Platten und Zylindern aus Verbundstoffen der Berechnungsgang nach Veröffentlichungen verschiedener Verfasser angegeben: Hierzu kommt noch die Methode nach BIJLAARD, die dem oben bereits angeführten Angaben entnommen werden kann.

6. Knickversuche mit Verbundplatten aus AlCuMg F-44 pl. und Moltopren

Nach eingehendem Studium der theoretischen Arbeiten über die Berechnung von Schaumversteiften Sandwichplatten wurden Knickversuche mit Verbundplatten durchgeführt. Die praktische Herstellung der Platten erfolgte durch die Fa. W. Bayer, Auswahl der Versuche, Versuchsdurchführung und Auswertung vom Ing.-Büro Prof. BLUME.

Rückblickend muß erwähnt werden, daß bei der praktischen Herstellung der Platten sehr große Schwierigkeiten zu überwinden waren, die insbesondere am Anfang noch große Ausfälle an Versuchsstücken brachten.

Mit zunehmender Erfahrung beim Schäumen und auch Änderungen in der Schäumtechnik durch die Fa. W. Bayer gelang es dann, sowohl sehr hohe Spannungswerte als auch geringere Streuungen der Festigkeiten zu erreichen. Solche offensichtlich durch noch mangelhafte Herstellungstechnik bedingten Ausfälle wurden aus der Betrachtung der Gesamtergebnisse ausgeschieden. Sinn der Untersuchung war ja nicht in erster Linie, den genauen Grund der Zuverlässigkeit und Gleichmäßigkeit festzustellen, sondern noch mehr bei fortschreitender Verbesserung der Fertigungsmethoden eine Beziehung der Festigkeiten zu den theoretischen Werten zu erhalten.

6.1 Versuchsmaterial und Probenform

Hergestellt wurden Platten mit beiderseits gleich starken Deckblechen und Moltopren-Schaum als Stützstoff mit verschiedener Dicke, doch gleicher Breite 100 mm.

Material der Deckbleche war AlCuMg F-44 pl. Die Materialfestigkeiten betrugen bei den Wandstärken zwischen 0,4 und 2,0 mm:

mm	σ_B kg/mm²	$\sigma_{0,2}$ kg/mm²
0,4	42,5 - 44	27,6 - 30,6
0,5	41,6	29,7
0,6	42,3	29,4
1,0	45,9	36,4
2,0	45,2	33,9

Variiert wurden:

1. das spez. Gewicht des Schaumstoff zwischen 100 und 250 kg/m³. Da es zunächst nicht möglich war, das geforderte Schaumgewicht auch genau herzustellen, wurden bei sämtlichen Proben das spez. Schaumgewicht bestimmt und bei der Darstellung dem nächstgelegenen Mittelwert zugeordnet. Der genaue Wert von γ_0 wurde bei jedem Versuchsstück angeschrieben.

2. Das Verhältnis von Plattendicke zur Blechstärke d/t im Bereich zwischen 10 und 100.

3. Der Schlankheitsgrad der Ges. Platte $\lambda = l/i$ zwischen 10 und 44. $L_{ges.}$ = 200 u. 400 mm.

4. Die Lagerung der Plattenenden.
   Sämtliche Platten werden an den belasteten Seiten planparallel bearbeitet und möglichst zentrisch belastet. An den Seitenkanten waren die Platten:

   a) ohne seitliche Führung, also nur stabförmige Platten

   b) mit seitlicher Führung durch einfache Lagerung in einer Vorrichtung.

5. Das Breitenverhältnis b/t zwischen 50 und 250.

6.2 Versuchsdurchführung

Die Platten wurden in einer 10 to Druckprüfmaschine bei den Farbwerken Bayer zwischen zwei parallelen Platten belastet. Die belasteten Seiten des Versuchsstückes waren planparallel bearbeitet. Durch möglichst zentrische Lagerung wurde langsam bis zum Eintritt einer Verformung oder des Bruches belastet. Bei einigen Platten wurde die Gleichmäßigkeit der Spannungsverteilung in den Deckblechen durch Dehnungsmessungen kontrolliert. Durchbiegemessungen konnten nur bei sehr langen Proben erfolgen, da bei kurzen Platten die Verformung sehr klein war.

6.3 Art der Darstellung der Versuchsergebnisse

Da die Festigkeit solcher Verbundplatten maßgebend abhängt von dem Beplankungsverhältnis $\frac{d}{t}$ und dem Breitenverhältnis b/t, der Art der Lagerung, der Bruchform und dem Schaumgewicht, wobei letzteres bei den einzelnen Versuchsstücken besonders großen Streuungen unterworfen war, konnte eine Ordnung der Ergebnisse nur erfolgen, wenn sie mit theoretisch ermittelten Werten verglichen werden konnten.

Gewählt wurde daher die Darstellung der Bruchspannung der Deckbleche abhängig vom Beplankungsverhältnis bei einem bestimmten Schaumgewicht. Als Vergleichswerte wurden bei diesem Schaumgewicht eingetragen:

1. Die Knickkurven bei verschiedenen Schlankheitsgraden <u>ohne</u> seitliche Stützung.

2. Die <u>Knickkurven mit</u> seitlicher Stützung nach der Berechnungsmethode von BIJLAARD für ein Breitenverhältnis $B/t = 100$ unter zwei verschiedenen Berechnungsannahmen als Maß für den möglichen Streubereich. Eine Abweichung des Wertes B/t vor allem bei geringen Wanddicken wurde nicht berücksichtigt, da die Versuchsergebnisse bereits höher liegen als dem Breitenverhältnis 100 entsprechen würde.

3. Die <u>theoretische Knitterspannung</u>, konstant für alle Beplankungsverhältnisse, sowohl nach GOUGH wie auch abgemindert nach HOFF.

Maßgebend ist jeweils die niedrigste Spannung. Die Versuchsergebnisse sind eingetragen unter der Bezeichnung o für Proben <u>ohne</u> seitliche Führung

x für Proben <u>mit</u> seitlicher Führung.

Um bei den Versuchspunkten die Übereinstimmung mit den theoretisch errechneten Kurven auch bei Abweichungen im Schaumgewicht oder Schlankheitsgrad nachprüfen zu können, wurden an jedem Versuchspunkt vermerkt:

die Versuchsnummer

das tatsächlich gemessene Schaumgewicht und der

Schlankheitsgrad für Proben ohne Seitenführung.

Die Ergebnisse sind in den Abbildungen 24 bis 27 für die Schaumgewichte 100, 150, 200 und 250 g /dm^3 eingetragen.

6.4 Versuchsauswertung

1. Versuche <u>ohne</u> seitliche Führung

a) Eine Zusammenstellung der Versuche einschließlich Abmessung der Probestücke zeigt Tabelle 1.

Von 33 Versuchen waren 3 Versuche völlig ausgefallen.

Aus den restlichen 30 Versuchen zeigen 16 Versuche gute, zum Teil ganz ausgezeichnete Übereinstimmung mit den Rechnungswerten. Liegt die Eulerspannung höher als die Knittergrenze, so tritt der Bruch eindeutig bei der Knitterspannung ein. Dies zeigen die Versuche Nr. 122 und 151 bei S 100 als Schaumgewicht und dem Beplankungsverhältnis $\frac{d}{t}$ = 50 und 100.

b) Für Platten mit den Längen 200 und 400 mm war meist die gesamte Stablänge für das Knicken maßgebend. Bei 8 Versuchen hat jedoch, bedingt durch die Dicke der Platte - eine Spitzenlagerung war nicht vorgesehen - eine Einspannung an den belasteten Seiten auf, wodurch die Spannung höher lag entsprechend dem Schlankheitsgrad der eingespannten Länge.

c) Bei 6 Versuchsstücken wurden die rechnerischen Spannungen nicht ganz erreicht. 4 Proben bei ganz verschiedenen Schaumgewichten lagen bei der nach HOFF abgeminderten Knitterspannung von 62 % der Knitterspannung nach GOUGH.

Die genaue Ursache dieser Abminderung konnte nicht klar erkannt werden. Es ist jedoch wahrscheinlich, daß örtliche Schwankungen im Schubmodul des

Schaumes sich besonders kraß auf die Knitterspannung auswirken und daß beträchtliche Abweichungen von dem theoretisch zugrunde gelegten Wert für den Schubmodul vorgelegen haben.

Trotzdem muß besonders hervorgehoben werden, daß die am Schluß der Untersuchung hergestellten Proben bei höherer Verdichtung beim Schäumen augenscheinlich äußerst gleichmäßig in der Homogenität des Schaumes ausgefallen sind.

2. Versuche mit seitlicher Führung

Zusammenstellung der Versuche und Abmessungen der Proben zeigt Tabelle 2. Von 50 Versuchsstücken waren 3 Stücke ausgefallen. Von den gewerteten 47 Proben ergaben

    28 Proben gute Übereinstimmung mit der Rechnung
    9 Proben höhere Spannungen als bei   " "
    10 Proben zu kleine Spannungen.

Zur Erklärung der Abweichungen muß beachtet werden:

a) Bei sehr kleinem Beplankungsverhältnis 10-20, also verhältnismäßig dünne Platten, treten sehr hohe Bruchspannungen auf, die bereits im unelastischen Gebiet liegen. Die Bewertung wird hier unsicher, das der Verlauf des Tangentenmoduls E_T in Abhängigkeit von der Spannung nicht genau aus Versuchen bekannt ist.

b) Es ist wahrscheinlich, daß bei der Bestimmung des spec. Schaumgewichtes Abweichungen auftreten können. Auch erscheint es möglich, daß die Verdichtung der an das Deckblech angrenzenden Schaumschichten durch den Kleber eine Verfestigung des Schaumes bewirkt, was sich bei dünnen Platten verhältnismäßig mehr bemerkbar machen würde.

c) Die der Rechnung zugrunde gelegte Abhängigkeit des Elestizitäts- und Schubmoduls vom spec. Schaumgewicht nach Abbildung 1 kann sicher Streuungen in der Praxis erfahren.

Die theoretischen Knittergrenzen konnten sehr oft erreicht und hier der Bruch erzielt werden. Bei einer Anzahl von Versuchen wurden ganz außerordentlich hohe Spannungen bis ca. 3800 kg/cm^2 erreicht und dabei sowohl die Knittergrenze wie die Knitterspannung der seitlich geführten Platte nach BIJLAARD beträchtlich überschritten. Dies ergab sich bei verhältnismäßig hoher Schaumdichte bei Deckblechen von 0,6, 1 und 2 mm.

Interessant war, daß die kleinsten untersuchten Plattendicken von 10 mm, die ohne Aufheizung der Formen kalt geschäumt waren, ebenfalls so hohe Spannungswerte ergaben.

Bei Versuchen mit sehr hohen Spannungen trat der Bruch explosionsartig auf ohne vorherige Anzeichen. Dabei traten oft Abtrennungen der Deckbleche vom Schaumstoff auf und der Schaum zerbrach in kleinere Teilstücke. Diese Beobachtung muß bei der Dimensionierung von lebenswichtigen Teilen aus Schaumverbundkonstruktion bei sehr hoher Materialausnutzung beachtet werden.

Ein Vergleich der Ergebnisse jener Versuche, die schon am Anfang der praktischen Erprobung des Plattenschäumens durchgeführt wurden, zeigte, daß auch dort mit der Rechnung übereinstimmende Spannungen für das Knicken und Knittern erreicht wurden, sofern keine Fehlstellen zu erkennen waren. Ein großer Anteil der Versuche ergab eine Bruchlast an bzw. kurz unterhalb der verminderten Knittergrenze nach HOFF.

Vielleicht kann man hieraus folgern, daß bei Unregelmäßigkeit in der Herstellung vor allem die Homogenität des Schaumes und die Knitterspannung ungünstig beeinflußt sind, die dadurch nur die Höhe der abgeminderten Knitterspannung nach HOFF erreicht.

7. Gewichtsvergleich von Druckgliedern verschiedener Bauweisen mit besonderer Berücksichtigung der Schaum-Verbundbauweise

Gestellt wird die Frage, wie weit eine Schaumverbundkonstruktion mit anderen Bauweisen unter Druckbelastung von ebenen Platten gewichtsgleich ausgeführt werden kann. Dies ist gleichbedeutend mit dem Vergleich der ertragbaren aequivalenten Bruchspannungen und dem Ausnutzungsgrad des Materials. Wir haben gesehen, daß für Schaumverbundplatten die Bruchspannungen bei den verschiedenen Bruchformen sich rechnersich bestimmen lassen und bei einwandfreiem Stützmaterial auch im Versuch erreicht werden.

7.1 Aequivalentspannungen von Schaum-Verbundplatten

Als Basis zum Vergleich der Güte verschiedener Bauweisen diene die aequivalente Wandstärke tm als Wandstärke einer gewichtsgleichen Leichtmetallplatte. Für eine beidseitig beplankte Verbundplatte mit bekannten Abmessungen und spec. Gewichten von Deckschicht und Stützstoff ist die

aequivalente Wandstärke: $\boxed{t_m = 2t + \dfrac{\gamma_o}{\gamma_1} \cdot (d - 2t)}$

Die auf diese aequivalente Wandstärke bezogene mittlere Spannung, die aequivalente Spannung, ist bei vorhandener Bruchspannung σ_{Bl} der Deckbleche:

$$\sigma_{aeq.} = \frac{\sigma_{Bl}}{1 + \dfrac{\gamma_o}{\gamma_1} \cdot \left(\dfrac{d}{2t} - 1\right)} \qquad (Gl.\ 12)$$

Vorausgesetzt ist, daß der Stützstoff (Schaum oder Honigwaben) sich nicht an der Übertragung der Längskräfte beteiligt.

Für eine angenommene aequivalente Spannung σ_{aeq} äßt sich aber abhängig vom Beplankungsverhältnis und dem Schaumgewicht die notwendige Bruchspannung des reinen Metallquerschnittes der Deckplatten berechnen.

Trägt man nun für ein angenommenes Schaumgewicht sowohl diese für bestimmte aequivalente Spannungen erforderlichen Blechspannungen wie auch die durch Versuche belegten theoretisch erreichbaren Blechspannungen abhängig von d/t auf, so lassen sich die Grenzpunkte von d/t bestimmen, an denen die Lasten aus der angenommenen aequivalenten Spannung und aus der tragbaren Blechspannung gerade gleich sind (s. Skizze).

Es gibt jeweils einen oberen und unteren Grenzwert für das Beplankungsverhältnis, zwischen denen die erreichbaren Knick- oder Knitterspannungen im Blech größer sind als der angenommene aequivalenten Spannung entsprechen würde.

Trägt man diese Grenzwerte für d/t nun abhängig von σ_{aeq} auf, so erhält man für jedes Schaumgewicht die höchstmöglichen aequivalenten Spannungen bei dem dazu erforderlichen Beplankungsverhältnis.

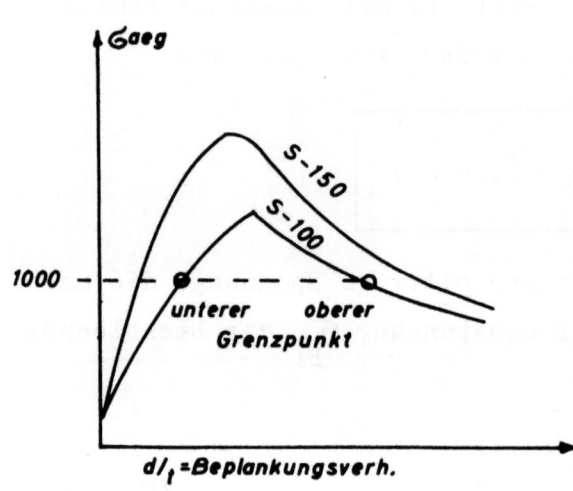

Die Kurven zeigen ein ausgeprägtes Optimum, das an oder in der Nähe <u>des</u> Beplankungsverhältnisses liegt, bei welchen Knick- und Knitterspannung des Bleches gleich sind.

Abbildung 28 zeigt diese Kurven für LM Leg. AlCuMg F 44 und F 55 der Deckbleche.

Sie zeigen folgendes wichtige Ergebnis:

1. Für jedes Schaumgewicht ergibt sich ein ausgeprägtes <u>Optimum</u> der Tragfähigkeit.

2. <u>Das zum Optimum gehörige</u> Beplankungsverhältnis $\frac{d}{t}$ liegt verhältnismäßig niedrig zwischen 10 und 30 je nach Schaumdichte und Beplankungsmaterial. Bei höherem Beplankungsverhältnis nimmt die wirkliche Bruchspannung der Deckbleche nur noch wenig zu, das Mehrgewicht an Schaum vermindert jedoch die auf die Gewichtseinheit bezogene Spannung.

3. Die <u>erreichbare,</u> auf die Gewichtseinheit bezogene <u>Aequivalentspannung</u> der schaumgeschützten Platte ist selbst bei günstigsten Bedingungen sehr niedrig. Sie nimmt mit größer werdender Schaumdichte zu und beträgt etwa:

bei Deckblechen	bei Schaumdichte			
	S 100 γ_0=100 kg/m³	S 150 150 kg/m³	S 200 200 kg/m³	S 250 250 kg/m³
normallegiertes Leichtmetall	1600	1740	1880	kg/cm²
hochlegiertes Leichtmetall		2250	2650	3000 kg/cm²

Diese Werte gestatten einen direkten Vergleich mit anderen Bauweisen, was später noch ausführlicher erläutert wird.

Bei einer Erhöhung der Streckgrenze um 44 % von 3000 kg/cm² auf 4300 kg/cm² steigt die optimale Aequivalent-Spannung vor allem bei niedrigeren Schaumdichten nicht in demselben Maße.

Bei S - 150 beispielsweise nur um 30 %.

4. Die erreichbare Bruchspannung im Blech ist bei Schaum-Verbundplatten im Knickbereich auch abhängig vom Verhältnis der Breite b zur Wandstärke t. Den bisherigen Untersuchungen war ein b/t von 100 zu Grunde gelegt. Vergleichsuntersuchungen bei größerer Breite bis b/t = 600 zeigen, daß gerade an der Stelle des Optimums mit einer beträchtlichen Abnahme der höchsten Aequivalent-Spannung bei größerem Breitenverhältnis gerechnet werden muß, während im reinen Knittergebiet die Breite keinen Einfluß ausübt

Abbildung 29 zeigt den Breiteneinfluß beim Schaumgewicht 150 kg/m³ und normallegiertem LM-Blech sowie hochlegiertem Material und Schaumgewicht 250 kg/m³.

Aufgetragen sind sowohl die vorhandenen Blechspannungen als die zugehörigen Aequivalentspannungen bei verschiedenem Breitenverhältnis.

Die oben angegebenen Maximalwerte der Aequivalentspannungen sind daher auch nur unter den besonders günstigen Bedingungen eines kleinen Breitenverhältnisses zu erzielen. Es empfiehlt sich, das Beplankungsverhältnis immer etwas höher als dem Optimum entsprechend zu wählen, um die volle Knitterspannung ausnützen zu können.

Bei hochlegiertem Material und hohem Schaumgewicht ist der Abfall der aequivalenten Spannung mit zunehmender Breite besonders kraß.

7.2 Vergleich der Aequivalentspannung verschiedener Bauweisen abhängig vom Kennwert der Belastung

Die Wahl der gewichtlich günstigsten Bauweise hängt stark von der Größe der Belastung ab. Lundström bezieht für Flügelschalen in "Aircraft Eng. May 1953" die erforderliche aequivalente Wandstärke auf die Umfangsbelastung, also die Bruchlast pro cm Breite und zeigt die möglichen Grenzen für die einzelnen Bauweisen.

Wir wählen zum Vergleich der verschiedenen Bauweisen die Aequivalentspannung abhängig vom Wagnerschen Kennwert, der für <u>Platten</u>
<u>ohne</u> seitliche Stützung den Wert P/Bl
<u>mit</u> seitlicher Stützung den Wert P/B^2
annimmt.

In der Zusammenstellung der Abbildung 30$_{(1)}$ sind die erreichbaren Aequivalentspannungen bei Bruch für versteifte Platten nach Angabe verschiedener Autoren aufgetragen, und zwar:

für Bauweise	nach Angabe von	Material	Kurve
1. einfache Stegversteifung	KEEN [1]	LM- $\sigma_{0,2}$ = 30 kg/mm^2	G
2. normale z-Stringer	KEEN	LM- $\sigma_{0,2}$ = 30 kg/mm^2	E
	SHANLEY [2]	24 ST	A
3. y-Stringer	SHANLEY	24 ST	B
	SHANLEY	75 ST $\sigma_{0,2}=50 \frac{kg}{mm^2}$	C
	KEEN	$\sigma_{0,2}=43 \frac{kg}{mm^2}$	F
4. Corrugated core nach Lookheed	SHANLEY	24 ST	D
Versuche bei geschlossenem Hutprofil	EBNER	$\sigma_{0,2}=30 \frac{kg}{mm^2}$	-
5. Unversteifte Platten, allseitig gestützt	SHANLEY	24 ST	H
	SHANLEY	75 ST	H

1. KEEN, J.R.A. Soc. April 1953;
2. SHANLEY, Weight strength analysis of aircraft structures

Man erkennt:

1. die Verbesserung der Materialausnutzbarkeit bei wachsender Formgüte des Versteifungsprofils vom einfachen Steg über das offene z-Profil zum formsteifen, symmetrischen y-Profil mit den höchsten erreichbaren Aequivalentspannungen,

2. den großen Streubereich in den Angaben für z-Profile nach KEEN und SHANLEY (Kurve A und E). SHANLEY gibt dabei ausgesprochene Optimalwerte an. Der Bereich zwischen beiden Kurven wir die möglichen Anordnungen dieser Stringerform überdecken. Auch Versuchspunkte nach EBNER mit geschlossenen, genieteten Hutprofilen fallen in diesen Bereich,

3. die sehr schlechte Materialausnutzung von sehr breiten, nicht versteiften Platten bei kleinem Kennwert $\frac{P}{B^2}$. Ihre Anwendung beschränkt sich auf dicke Wandstärken bei kleiner Plattenbreite und sehr hoher Belastung.

Abbildung 30$_{(2)}$ zeigt die entsprechende Darstellung für Verbundplatten mit Schaum- und Honigwaben-Stützstoffen.

Honigwaben mit Deckblechen aus normallegiertem Leichtmetall kommen den z-stringerversteiften Platten gleich. Bei hochlegierten Deckplatten (z. B. 75 ST) lassen sich jedoch sehr hohe Aequivalentspannungen erzielen, die spannungsmäßig der versteiften Stringerbauweise mit den formsteifen y-Stringern nahekommen. Die eingetragenen Versuche sind engl. Angaben (von de BRUYNE) entnommen. Die Platten waren 18 mm dick und knickten unter beidseitiger Einspannung bei Aequivalentspannungen zwischen 3200 und 3800 kg/cm^2 und Kennwerten zwischen 30 und 60. Die eingetragenen Optimalkurven sind als Grenzwerte aufzufassen, die nur unter besonders günstigen Bedingungen realisiert werden können.

Für Schaumverbundplatten mit seitlicher Führung liegen die optimalen Grenzkurven sehr viel tiefer. Ihre übersichtliche Darstellung ist dadurch erschwert, daß sie außer von der Art des Deckmaterials und Beplankungsverhältnisses auch von der Schaumdichte und dem Breitenverhältnis abhängig sind. Es wurden daher den beiden verschiedenen Deckblechmaterialien die Schaumdichten 150 bzw. 250 kg/m^3 zugeordnet. 3 Kurven zeigen den Einfluß verschiedener Breitenverhältnisse B/t, die dabei verschiedenen Kennwerten der Belastung entsprechen. Längs dieser Kurven zeigt sich der Einfluß des gewählten Beplankungsverhältnisses d/t mit einem ausgesprochenen Spannungsoptimum bei einem bestimmten Wert für d/t. Besonders beim hochfesten Deckmaterial ist eine sehr eng begrenzte Wahl des Beplankungsverhältnisses erforderlich, um die optimale Grenzkurve zu erreichen, was die Möglichkeit ihrer praktischen Verwirklichung sehr beschränkt. Leider fehlen auch hier Versuche mit hochfestem Material zur Erhärtung der Aussagen.

Der Gütevergleich zwischen Verbundplatten mit Metall-Honigwaben und mit Schaum fällt offensichtlich sehr stark zugunsten der Honigwaben aus. Die hohe Materialausnutzung bei hochfesten Deckblechen in Verbindung mit Metallwaben läßt sich u.E. mit Schaumstützstoffen nicht erreichen. Den Grund hierzu gibt WILLIAMS in einer von de BRUYNE in "Structural Adhesires for

Metal Aircraft" zitierten, nicht veröffentlichen Arbeit an, wonach günstige Spannungswerte erreicht werden, wenn der spezifische Elastizitätsmodul E/γ des Stützstoffes sich dem der Haut nähert. Abbildung 31 zeigt, daß dies für Metallwaben mit großer Annäherung zutrifft, während Schaum sehr beträchtlich davon abweicht.

Der Vergleich von Schaumverbundplatten mit Stringer versteiften Platten zeigt, daß Schaumplatten mit normal legiertem Leichtmetall F 44 bei steigendem Kennwert der Belastung immer mehr der z-Stringeraussteifung unterlegen ist.

Selbst bei Verwendung von hochfesten Deckblechen lassen sich die ertragbaren Aequivalentspannungen der Schaumplatte nur bis in den Bereich der Bauart mit z-Stringern steigern.

Versteifte Platten mit y-Stringern und hochfesten Deckblechen sowie die durch Metallwaben gestützten Platten werden von der Schaumverbundplatte nicht erreicht.

Bei kleinen Kennwerten und niedriger Aequivalentspannung werden die Verhältnisse für die Schaumplatte etwas günstiger. Die Schaumverbundbauweise ist hier zwar nicht gewichtlich, jedoch hinsichtlich der Oberflächenglätte überlegen. Hinzu kommt dabei der Wegfall der Nietarbeit und damit Senkung des Anteils an Arbeitskosten.

8. Zusammenfassung

Für die Verbundbauweise von Leichtmetall mit Schaum war die Möglichkeit ihrer Anwendung durch das Studium ihrer Herstellungsmethoden und ihrer Festigkeitseigenschaften zu untersuchen. Für den Flugzeugbau war am Beispiel eines Tragflügels für ein Hochleistungssegelflugzeug die praktische Ausführung aufzuzeigen.

Die Herstellung von Versuchskörpern und ausgewählten Bauteilen durch die Farbwerke Bayer ergab wertvolle Erkenntnisse über Anforderungen, die an den Schaum vor allem bei Verwendung an hochfesten Teilen des Flugzeugbaus gestellt werden müssen.

Eine größere Versuchsreihe mit gedrückten Platten in Sandwich-Bauweise lieferte Unterlagen über die ertragbare Belastung bei verschiedenem Schaumgewicht und Dickenverhältnis der Platten, wobei die Platten mit und ohne seitliche Führung geprüft wurden. Anfangs vorhandene Ausfälle und Streuung der Ergebnisse waren auf noch mangelnde Erfahrung im Schäumen zurückzuführen und ließen sich später weitgehend vermeiden. Die Versuchsergebnisse ließen sich mit den aus theoretischen Arbeiten entnommenen Rechnungsmethoden in einer graphischen Darstellung vergleichen, die Anhaltspunkte für Dimensionierung ergibt.

Der konstruktive Aufbau des Tragflügels als Doppelschale wurde nach fertigungstechnischen Überlegungen der Schaummethode angepaßt; Herstellungsart und erforderlicher Vorrichtungsaufwand wurden entwurfsmäßig untersucht.

Der Vergleich verschiedener Bauweisen einschließlich Verbundbauweisen mit Schaum- und Honigwaben-Stützstoffen, hinsichtlich des optimalen Gewichtes von auf Druck beanspruchter Platten ließ erkennen, daß Schaumverbundplatten nur bei kleinen Kennwerten für die Belastung der Stringer-Bauweise gleichkommen, mit steigendem Kennwert jedoch immer mehr der Stringer-Bauweise unterlegen sind. Vorteile für die Schaumverbund-Konstruktion ergaben sich also bei Bauteilen mit verhältnismäßig geringer Umfangsbelastung, vor allem auch bei Teilen für Karosserien im Waggon- und Omnibusbau.

Die hohe Materialausnutzung von hochfesten, versteiften Platten mit formsteifen y-Stringern sowie auch der Sandwich-Platten mit Metall-Honigwaben werden von der Schaumverbundplatte nicht erreicht.

Falls das Baugewicht nicht die allein maßgebende Rolle spielt, können die Vorteile der ausgezeichneten Oberflächengüte und der evtl. Senkung der Herstellungskosten den Ausschlag für die Verwendung der Schaumverbund-Bauweise geben.

Dipl.-Ing. Oskar LIEBING, Duisburg

Forschungsberichte des Wirtschafts- und Verkehrsministeriums Nordrhein-Westfalen

9. Anhang

Tabelle 1

Knickversuche mit Verbundplatten aus AlCuMg F 44 und Moltopren

A. Versuche ohne seitliche Führung

Bereich des σ_0	d	b	l	$i=\frac{d-t}{2}$	$\lambda=l/i$	t	d/t	Vers. Nr.	P	$\sigma^{x)}$	$\sigma_{0\,Vers.}$	$\sigma_{0,2}$	Bemerkungen Bruchform	Übereinstimmung
	m/m	m/m	m/m	m/m		m/m			kg	kg/cm²	kg/m³	kg/cm²		
50	20	100	200	9,7	20,6	0,6	33	114	570	475	54	3000	Versuchsstück war schlecht	
			400	9,8	40,8	0,4	50	119	1050	1315	87	3000	Knicken: entsp.λ= 45	etwas zu tief
100	10	100	200	4,6	43,5	0,6	17	178	1400	1165	105	3000	Knicken b.λ=20 u. sehr stark.Einspann.	
	20	100	200	9,5	21	1	20	127	2500	1250	109	3640	Knicken λ = 20	sehr gut
			400	9,8	40,8	0,4	50	123	1420	1775	142	3000	Knicken λ = 50	zu tief
150	10	100	200	4,5	44,5	1	10	175	2500	1250	141	3640	entsp.genau seitl.Führ.	zu hoch
								184	3400	1700	165	3640	zu hoch; Einspannung bis auf λ = 0	zu hoch
				4,8	41,6	0,4	25	181	1800	2250	141	3000	Einspannung, Knicken λ= 20	sehr gut
								190	1160	1450	163	3000	Knicken λ = 40 etwas zu tief	sehr gut
	20	100	200	9	22,2	2	10	126	4680	1140	134	3390	Knicken λ = 22	sehr gut
				9,7	20,6	0,6	33	132	2990	2500	136	3000	Knicken λ = 20 und Knittergrenze	sehr gut
				9,8	20,4	0,4	50	117	500	625	155	3000	Ausfall	
								122	2400	2750	142	3000	Knicken	sehr gut
								135	1250	1560	148	3000	Ausfall	
			400	9	44,4	2	10	136	3380	845	142	3390	Knicken λ = 50	etw.niedr.
				9,5	42,1	1	20	137	2840	1420	144	3640	Knicken λ = 40	sehr gut
				9,7	41,2	0,6	33	138	2060	1720	150	3000	Knicken λ = 40	gut
				9,8	40,8	0,4	50	139	1900	2380	124	3000	Knicken λ = 35	sehr gut
	40	100	200	19	10,5	2	20	142	7465	1865	157	3390	Knicken λ = 10-20; γ_0 = 137	sehr gut
								141	7460	1850	137	3390	Knicken λ = 10-20;	sehr gut
				19,5	10,25	1	40	145	7360	3680	171	3640	Knicken, guter Wert; λ = 30	gut
								169	3700	1950	168	3640	Knittern genau bei Hoffgrenze	schlecht
				19,7	10,12	0,6	67	148	3780	3150	150	3000	oberhalb Knittern, sehr guter Schaum	sehr hoch
								172	3550	2940	162	3000	Knittern SHANLEY	sehr gut
				19,8	10,10	0,4	100	151	2220	2780	156	3000	Knittern BIJLAARD	sehr gut
200	10	100	200	4,6	43,5	0,6	17	187	2280	1900	180	3000	teilw. Einspannung, Knickenλ = 30-35	sehr gut
	20	100	200	9	22,2	2	10	154	9380	2340	218	3390	Knicken	sehr hoch
				9,5	21,0	1	20	157	6700	3350	261	3640	entspr. λ = 30	sehr gut
				9,7	20,6	0,6	33	160	3640	2980	239	3000	zu frühes Knittern wie Nr. 158 u.159	etw.zu tief
			400	9	44,4	2	10	161	7560	1890	259	3390	Knick.entspr.λ = 40	sehr gut
				9,5	42,1	1	20	162	4460	2330	214	3640	Knick.m.teilw.Einsp.	sehr gut
				9,7	41,2	0,6	35	163	3000	2390	204	3000	Knicken λ = 40	sehr gut
250	10	100	200	4,6	43,5	0,6	17	197	2480	2060	270	3000	etwas zu tief; Knicken λ = 40	gut

x Bei der Spannung sind die tatsächlich gemessenen Wandstärken berücksichtigt

Tabelle 2

Knickversuche mit Verbundplatten aus AlCuMg F 44 und Moltopren

B. Versuche *mit* seitlicher Führung

Bereich des δ_o	d	b	l	$i=\frac{d-t}{2}$	$\lambda = l/i$	t	d/t	Vers. Nr.	P	σ x)	δ Vers.	$\sigma_{0,2}$	Bemerkungen Bruchform	Übereinstimmung
m/m	m/m	m/m	m/m	m/m		m/m			kg	kg/cm²	kg/m³	kg/cm²		
50	20	100	200	9,7	20,6	0,6	33	112	850	708	54	3000	Versuchsst. schlecht	
								113	610	508	54	3000	"	"
100	10	100	200	4,6	43,5	0,6	17	176	2200	1835	105	3000	Langwell. Knicken	gut
						0,63		177	2380	1890	105	3000	" "	gut
	20	100	200	9,5	21	1	20	129	3540	1770	109	3640	Knittern	etw.niedr.
								128	3550	1780	109	3640	"	" "
150	10	100	200	4,5	44,5	1	10	173	4740	2370	141	3640	Langwell. Knicken	sehr gut
								174	3960	1980	141	3640	" "	sehr gut
								182	5640	2820	165	3640	" "	sehr gut
								183	5120	2560	165	3640	" "	sehr gut
								191	7640	3820	163	3640	" "	sehr gut
				4,8	41,6	0,4	25	179	2260	2830	141	3000	" "	sehr gut
								180	2280	2840	141	3000	" "	sehr gut
								188	2640	3060	163	3000	" "	sehr gut
								189	2300	2870	163	3000	" "	gut
	20	100	200	9	22,2	2	10	124	8720	2180	134	3390	" "	sehr gut
								125	8260	2060	134	3390	" "	sehr gut
				9,7	20,6	0,6	33	130	3550	2960	136	3000	" "	sehr gut
								131	3550	2960	136	3000	" "	sehr gut
				9,8	20,4	0,4	50	120	2270	2840	159	3000	Knittern	gut
								121	2100	2620	159	3000	"	etwas tief
								133	2335	3160	148	3000	Langwell. Knicken	sehr gut
								134	2290	2860	148	3000	Knittern	gut
	40	100	200	19	10,5	2	20	166	13350	3340	179	3390	Langwell. Knicken	gut
								164	9600	2400	165	3390	Knittern (etwa HOFF)	zu tief
								165	1300	3250	179	3390	Langwell. Knicken	gut
				19,5	10,2	1	40	143	6300	3150	160	3640	Langwell. Knicken	sehr gut
								144	7150	3400	160	3640	" "	gut
								167	5850	2930	175	3640	Knittern	etw.niedr.
								168	6400	3200	175	3640	Knittern o.langw. Knicken	sehr gut
				19,7	10,1	0,6	67	146	3020	2520	150	3000	Knittern	etw.niedr.
								147	1520	1270	150	3000	Ausfall	
								170	2580	2050	162	3000	Knittern n. HOFF (min)	
								171	3220	2600	162	3000	Knittern	zu tief
				19,8	10,1	0,4	100	149	2380	2970	156	3000	"	sehr gut
								150	2560	2990	156	3000	"	sehr gut
200	10	100	200	4,6	43,5	0,6	17	185	3340	2780	180	3000	Langw. Knicken	sehr gut
								196	3860	3220	180	3000	" "	gut
	20	100	200	9	22,2	2	10	152	13300	3320	218	3390	" "	gut
								153	13200	3300	276	3390	" "	sehr gut
				9,5	21	1	20	155	7320	3660	262	3640	Langwell. Knicken; viel höher als BIJAARD	
								156	7100	3550	279	3640	" "	
				9,7	20,6	0,6	33	158	3560	2880	217	3000	Langwell. Knicken	etw.zu tief
								159	4000	3180	249	3000	" "	gut
250	10	100	200	4,5	44,5	1	10	192	6980	3490	255	3640	Langwell. Knicken; viel höher als BIJAARD	
								193	7490	3745	255	3640	" "	
				4,6	45,5	0,6	17	195	5080	4020	270	3000	"	
								196	4720	3750	270	3000	"	
				4,8	41,6	0,4	25	198	3160	3440	280	3000	"	etwa BIJLAARD
								199	3160	3440	280	3000	"	"

x. Bei der Spannung sind die tatsächlich gemessenen Windstärken berücksichtigt

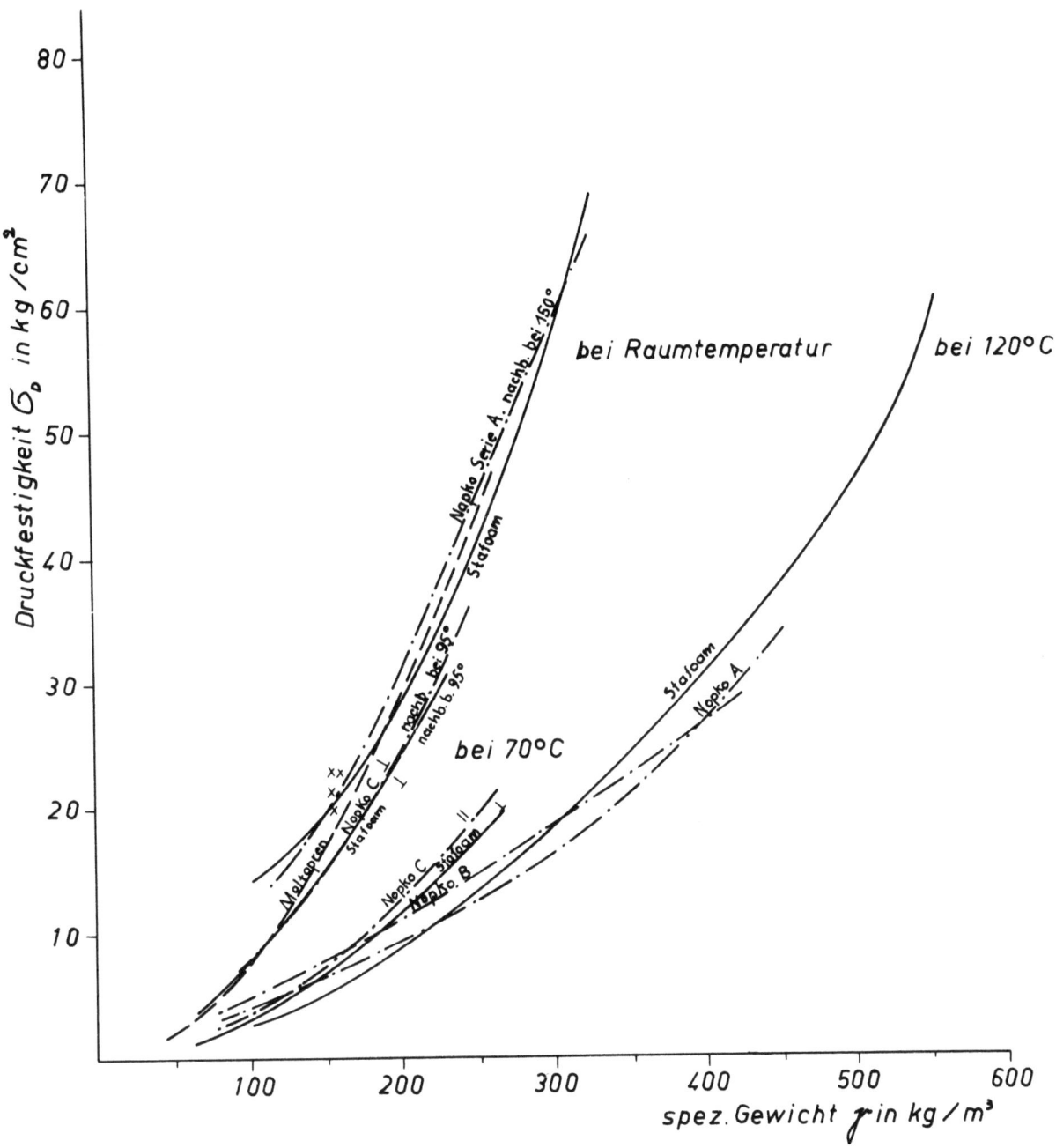

Abbildung 1

Vergleich von Schaumstoffen

Druckfestigkeit abhängig vom spez. Gewicht

——— Stafoam [Am. Latex Products Corp.]

—·—·— Nopko Chemical Comp.

— — — Moltopren Bayer

$\left.\begin{array}{l}\text{//}\\ \perp\end{array}\right\}$ Last $\begin{array}{l}\text{parallel}\\ \text{senkrecht}\end{array}$ zur Hauptschäumrichtung

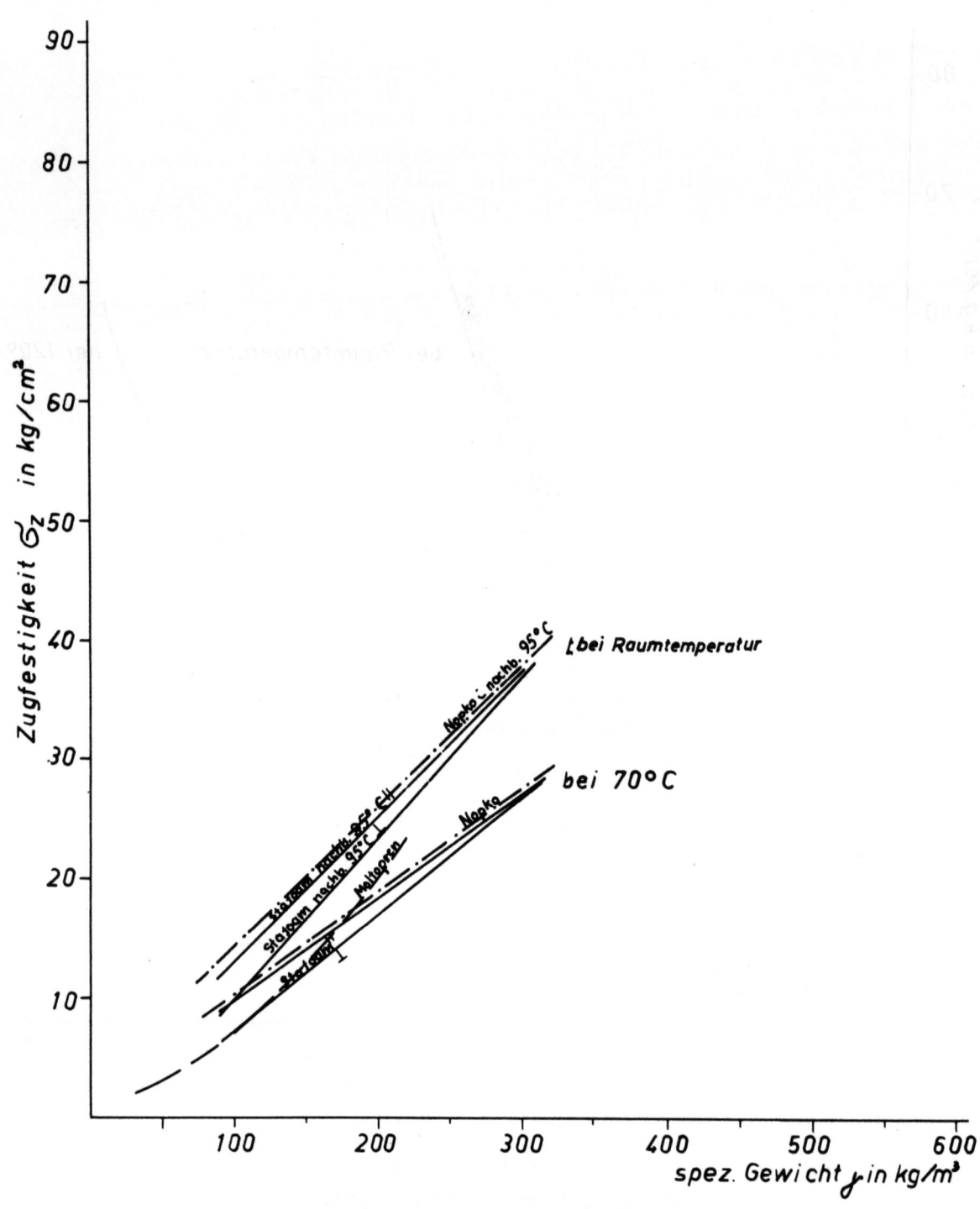

Abbildung 2

Vergleich von Schaumstoffen

Zugfestigkeit abhängig vom spez. Gewicht

——— Stafoam [Am. Latex Products Corp.]

—·—·— Nopko Chemical Comp.

———— Moltopren Bayer Leverkusen

$^{///}_{\perp}$} Lastrichtung $^{parallel}_{senkrecht}$ zur Hauptschäumrichtung

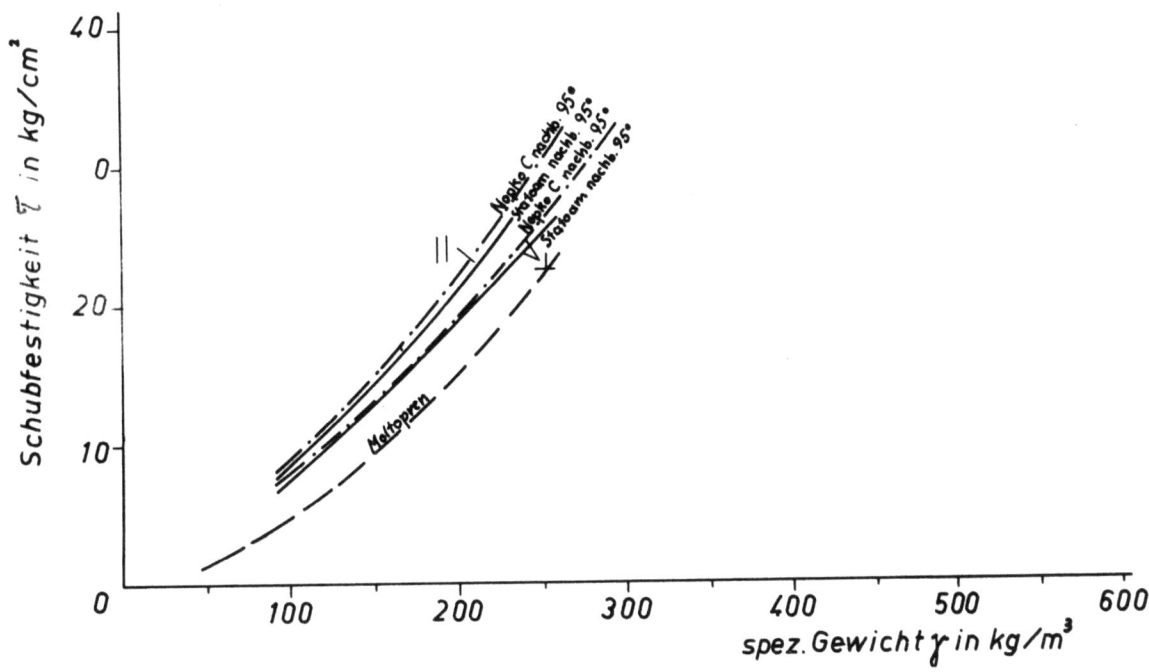

Abbildung 3

Vergleich von Schaumstoffen

Scherfestigkeit abhängig vom spez. Gewicht

—————— Stafoam [Am. Latex Products Corp.]

—·—·—· Nopko Chemical Comp.

— — — — Moltopren Farbwerke Bayer

$\left.\begin{array}{c}\|\\\perp\end{array}\right\}$ Lastrichtung $\begin{array}{c}\text{parallel}\\\text{senkrecht}\end{array}$ zur Hauptschäumrichtung

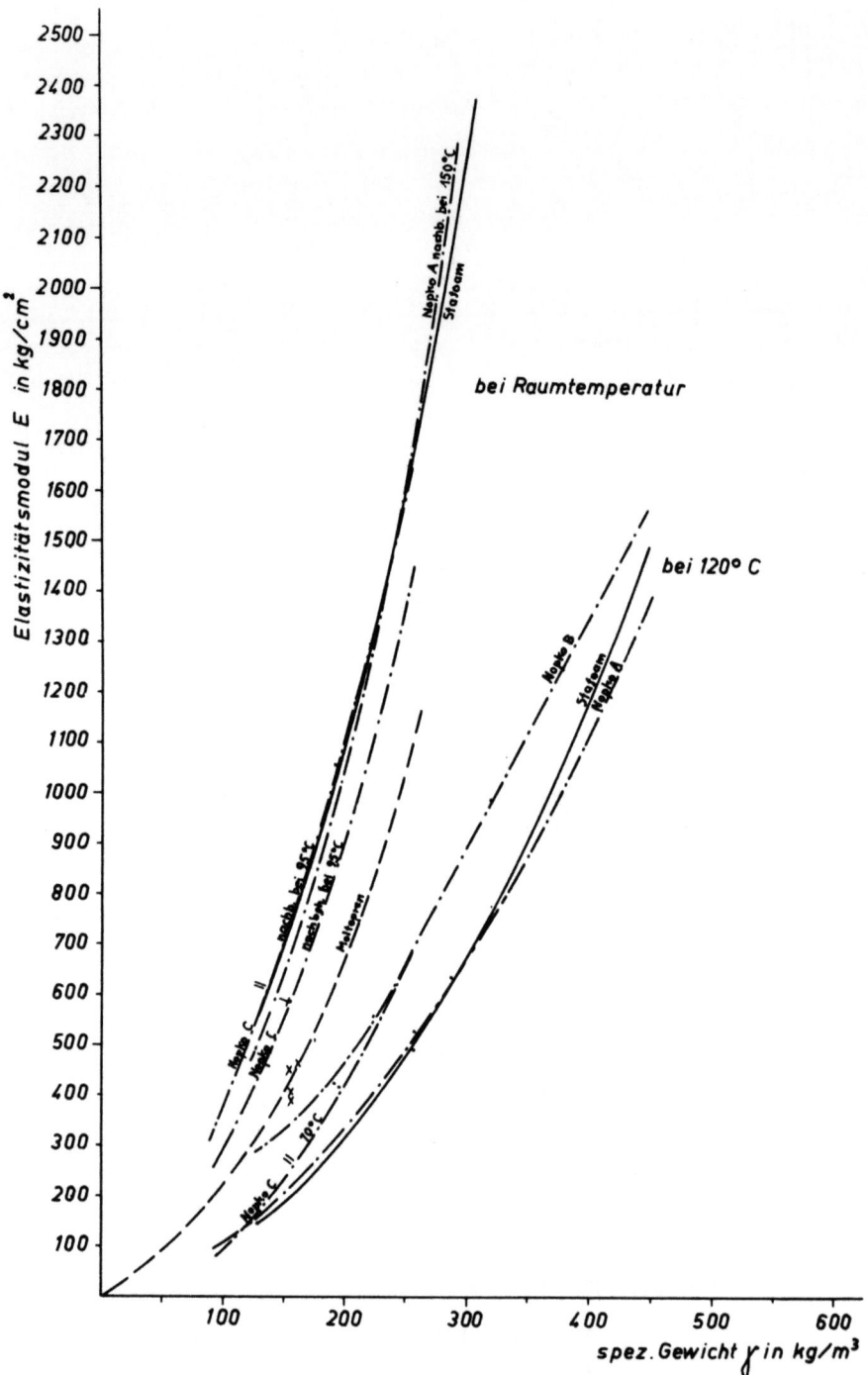

Abbildung 4

Vergleich von Schaumstoffen

Elastizitätsmodul abhängig vom spez. Gewicht

——— Stafoam [Am. Latex Products Corp.]

—·—·— Nopko Chemical Comp.

– – – Moltopren Farbwerke Bayer

∥⊥} Lastrichtung parallel/senkrecht zur Hauptschäumrichtung

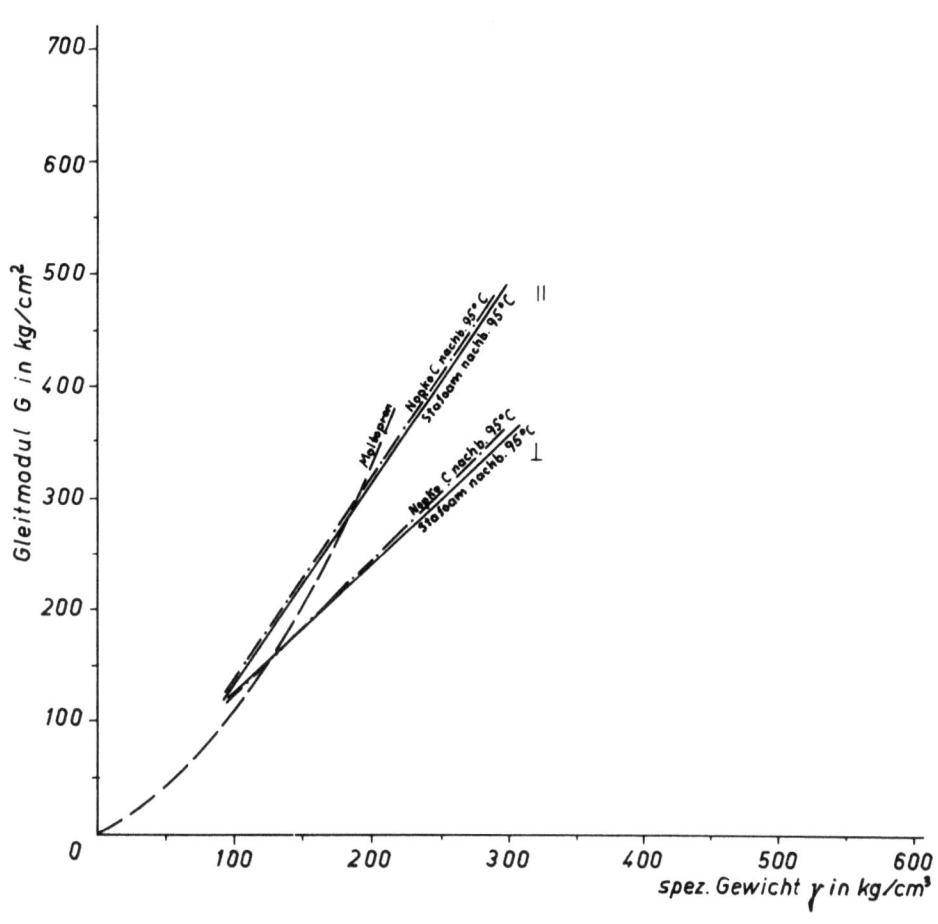

Abbildung 5

Vergleich von Schaumstoffen

Gleitmodul abhängig vom spez. Gewicht

———— Stafoam [Am. Latex Products Corp.]

—·—·— Nopko Chemical Comp.

— — — Moltopren Farbwerke Bayer

∥} Lastrichtung parallel zur Hauptschäumrichtung
⊥} Lastrichtung senkrecht zur Hauptschäumrichtung

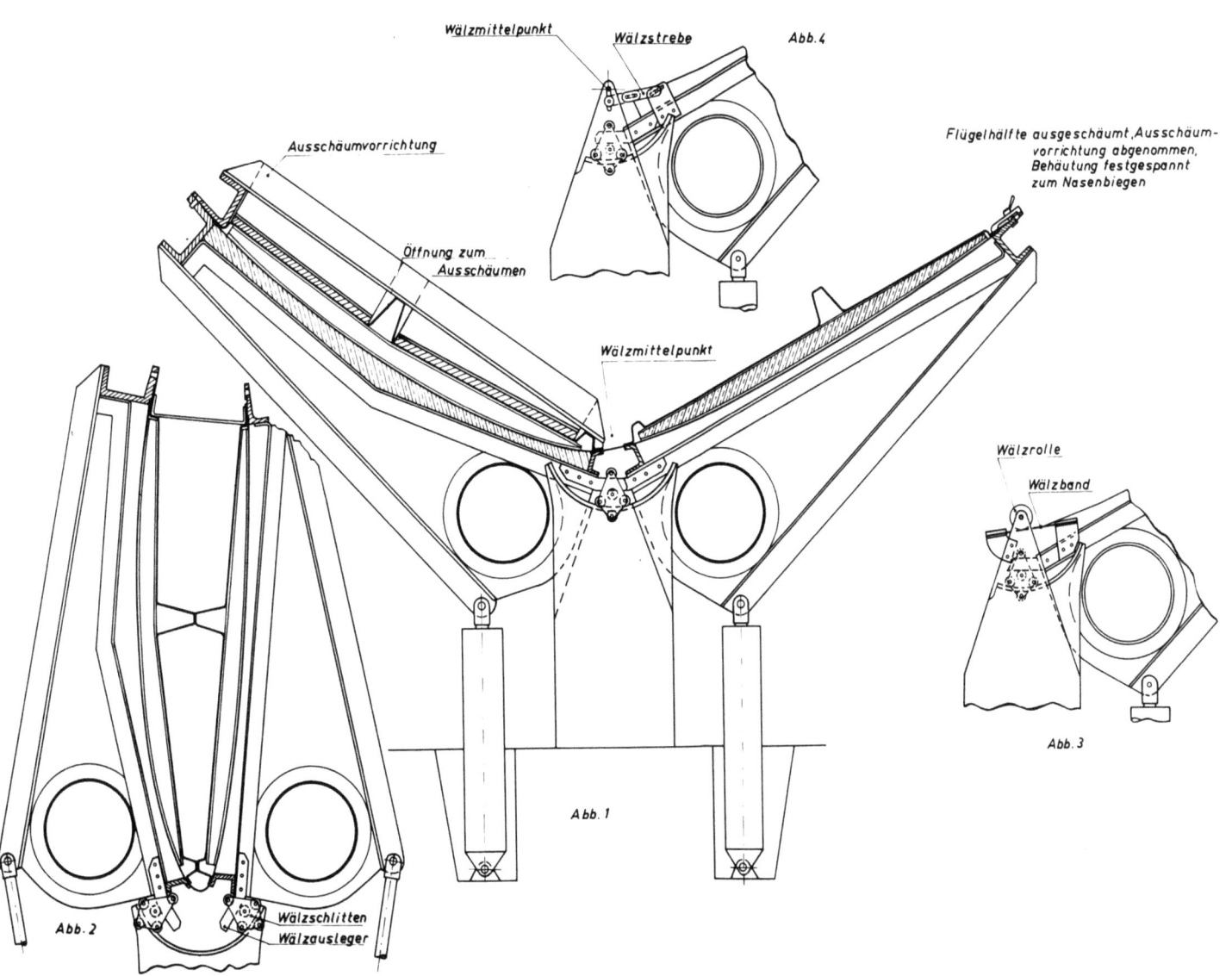

Abbildung 6
Flügelbauvorrichtung mit Nasenbiegeeinrichtung

Forschungsberichte des Wirtschafts- und Verkehrsministeriums Nordrhein-Westfalen

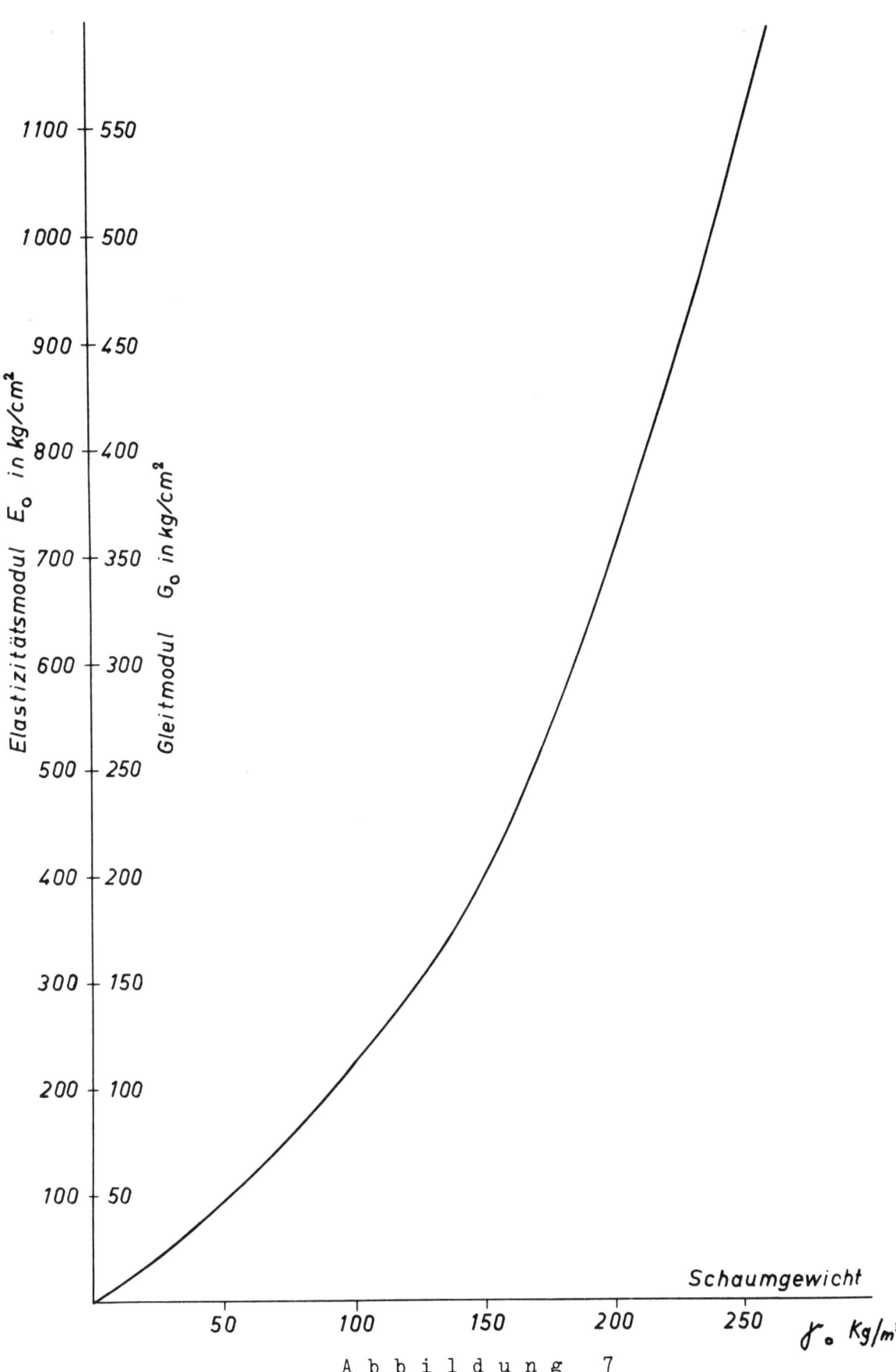

A b b i l d u n g 7

Elastizitäts- und Gleit-Modul von Moltopren abhängig vom Schaumgewicht

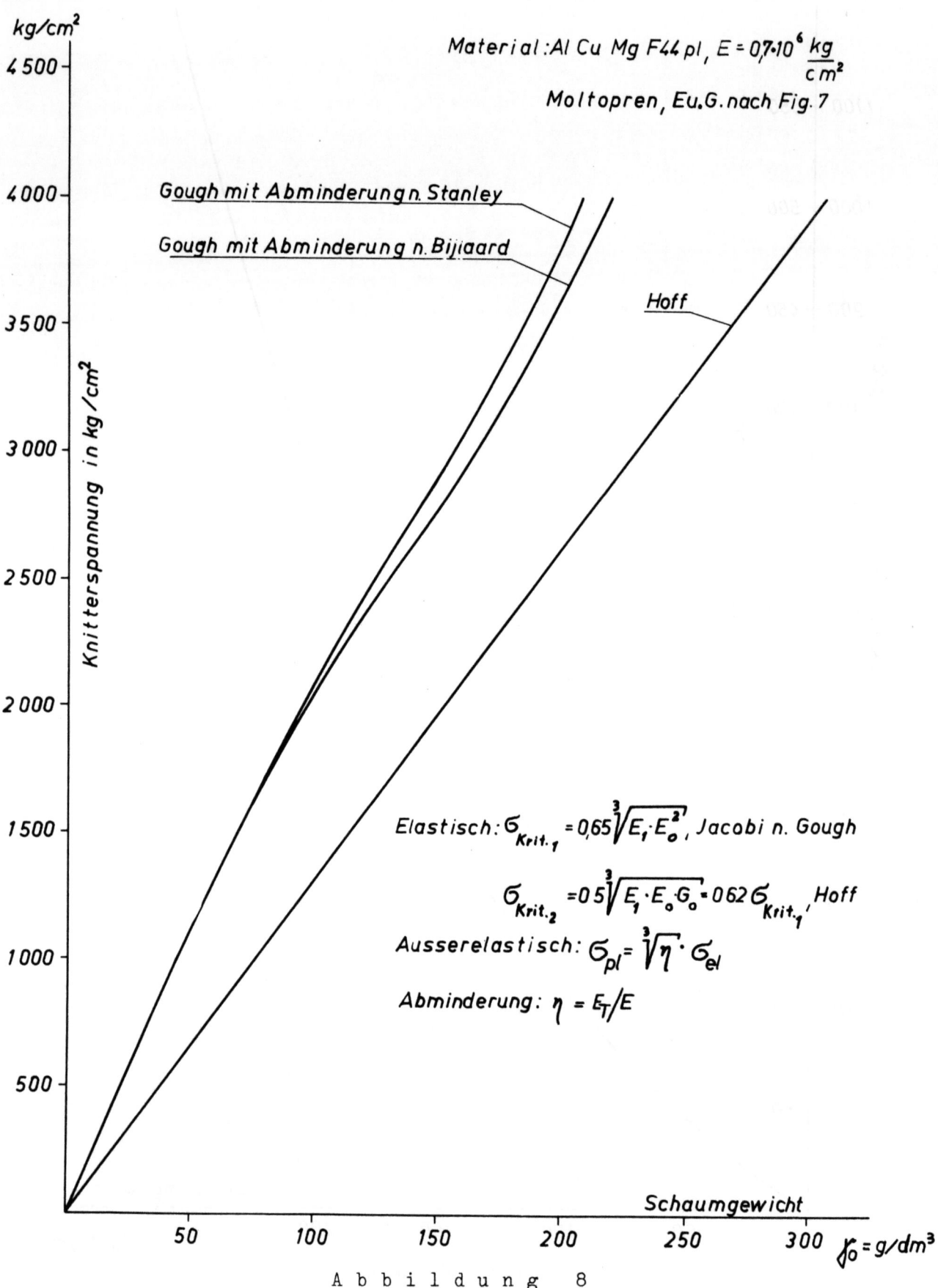

Abbildung 8

Knitterspannung von AlCuMg F 44 bei versch. Schaumgewichten

Forschungsberichte des Wirtschafts- und Verkehrsministeriums Nordrhein-Westfalen

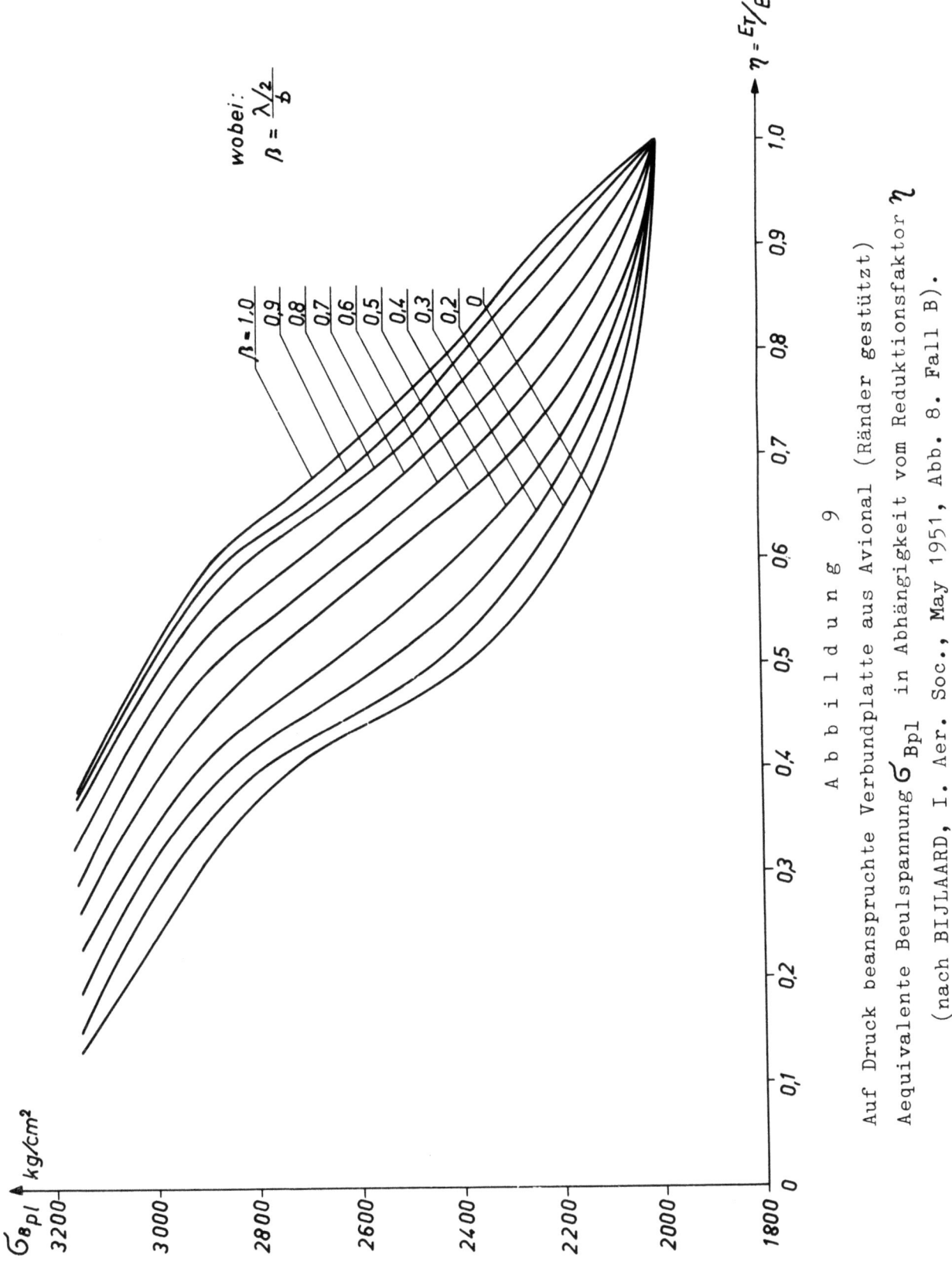

Abbildung 9

Auf Druck beanspruchte Verbundplatte aus Avional (Ränder gestützt)
Aequivalente Beulspannung σ_{Bpl} in Abhängigkeit vom Reduktionsfaktor η
(nach BIJLAARD, I. Aer. Soc., May 1951, Abb. 8. Fall B).

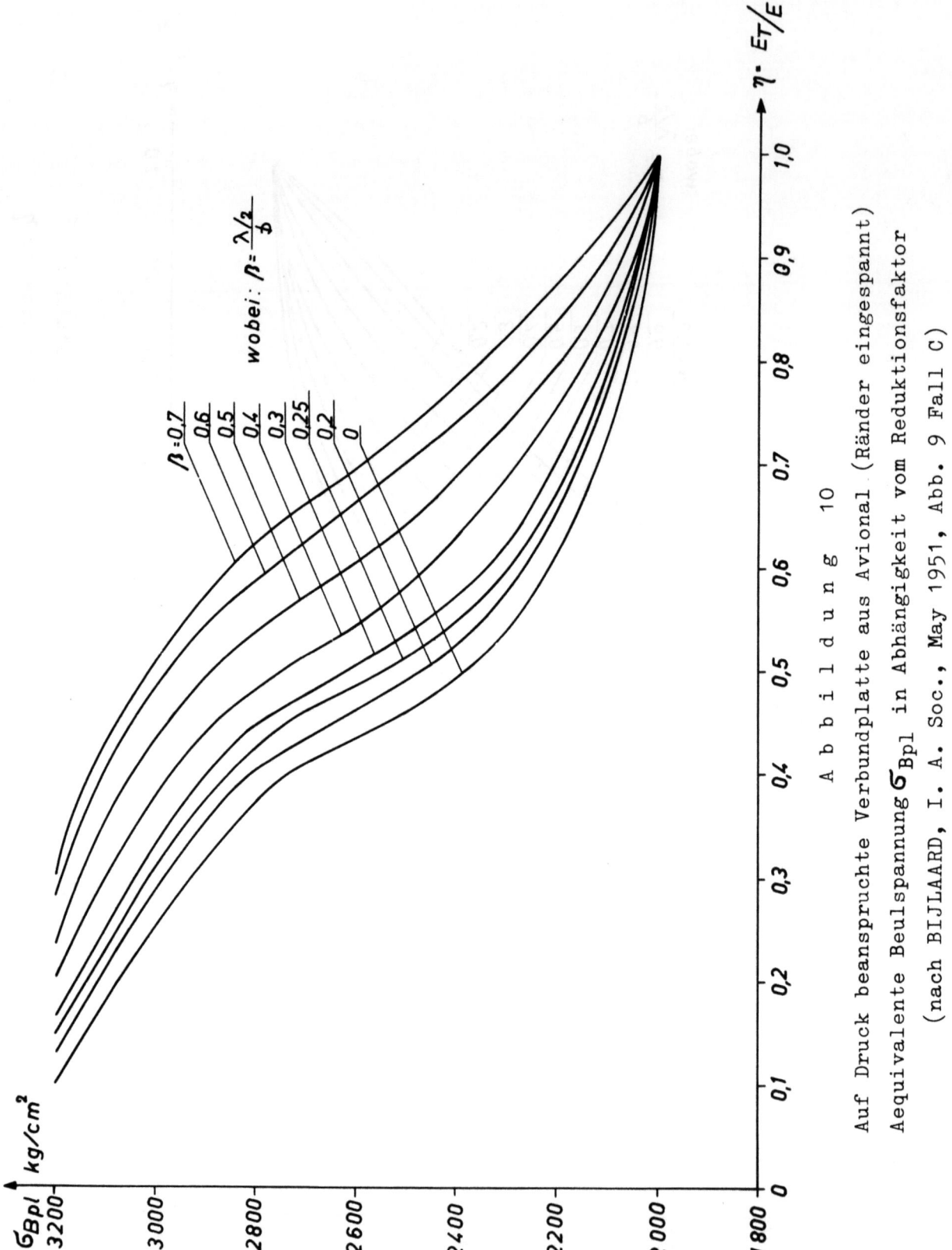

Abbildung 10

Auf Druck beanspruchte Verbundplatte aus Avional (Ränder eingespannt)
Aequivalente Beulspannung σ_{Bpl} in Abhängigkeit vom Reduktionsfaktor
(nach BIJLAARD, I. A. Soc., May 1951, Abb. 9 Fall C)

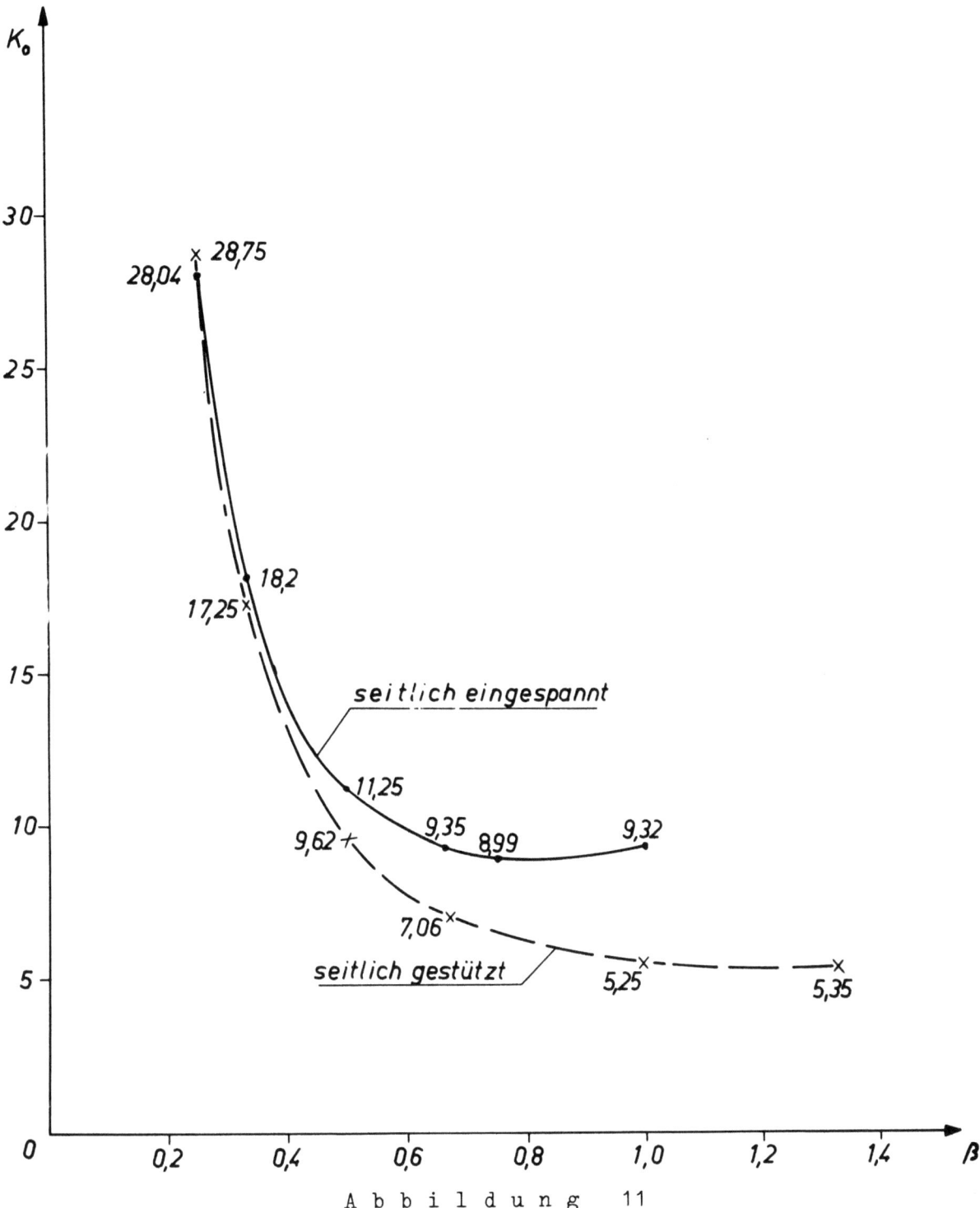

A b b i l d u n g 11

Verbundplatte aus Avional. Beulkoeffizient K_o bei Schubbelastung
(nach BIJLAARD, I. A. Soc., May 1951 Abb. 6)

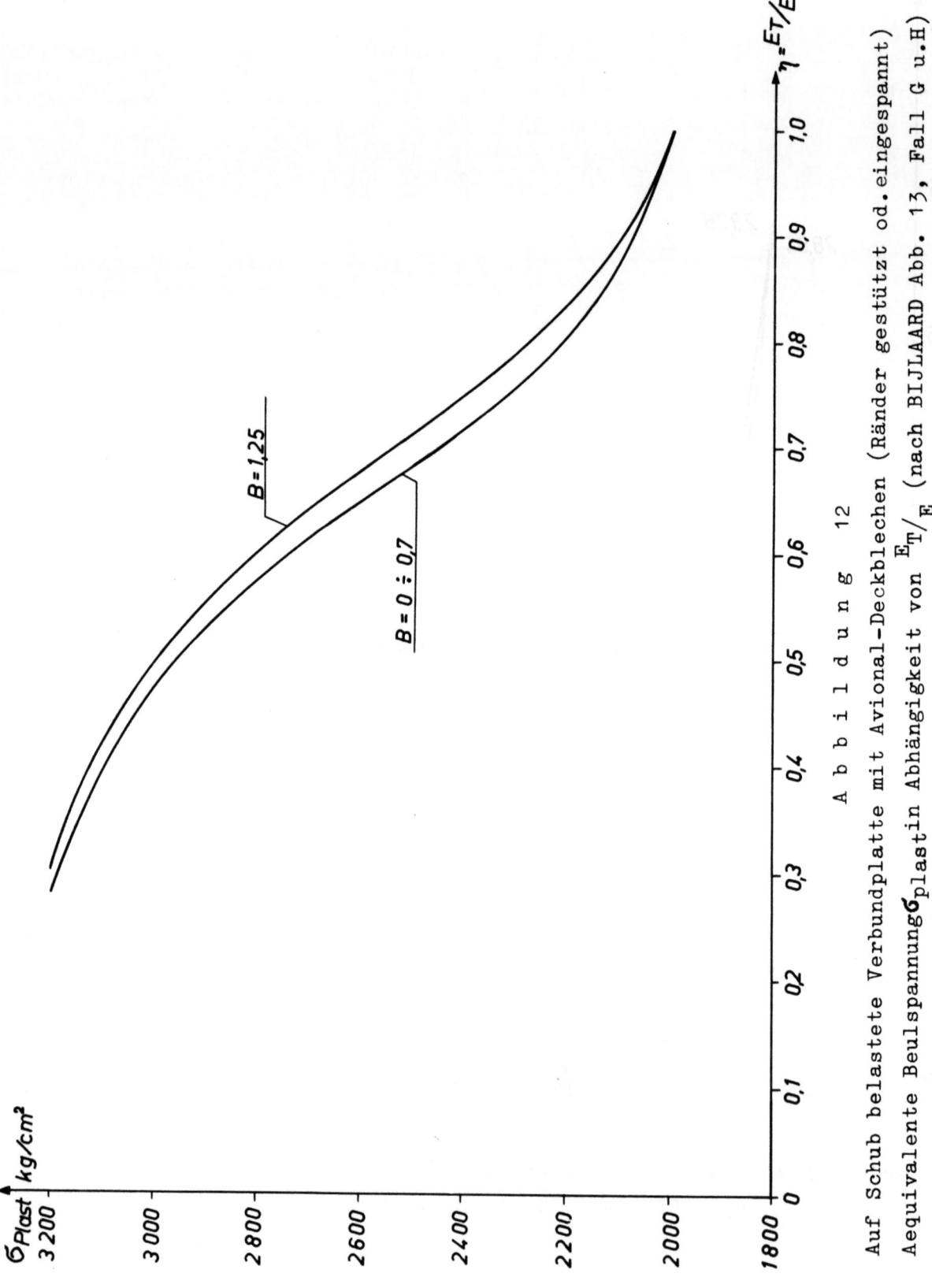

Abbildung 12

Auf Schub belastete Verbundplatte mit Avional-Deckblechen (Ränder gestützt od. eingespannt)
Aequivalente Beulspannung σ_{plast} in Abhängigkeit von E_T/E (nach BIJLAARD Abb. 13, Fall G u. H)

Literaturquelle	Hoff NACA TN 2225	Hoff TN 2556	Seide TN 2637	Seide TN 2637	Stein TN 2601	Stein TN 2601	Teichmann J.R. Aer.Sc. Juni 51
Rechnungsgang	$\frac{c}{t} =$ $F = 1+3(1+\frac{c}{t})^2 =$ $\frac{\bar{\sigma}^2_{cr_o}}{} = \frac{\pi^2 \cdot E}{3(1-\mu^2)} \cdot \frac{t^2}{b^2} =$ $R = \frac{G_o}{F \cdot \bar{\sigma}_{cr}} =$	$\frac{c}{t} =$ $F = 1+3(1+\frac{c}{t})^2 =$ $\frac{\bar{\sigma}^2}{cr_o} = \frac{\pi^2 \cdot E}{3(1-\mu^2)} \cdot \frac{t^2}{b^2} =$ $R = \frac{G_o}{F \bar{\sigma}_{cr}} =$		$\beta = \frac{a}{b} =$ $r = \frac{\pi^2}{2} \cdot \frac{E'}{G_o} \cdot \frac{t \cdot c}{b^2} =$ $E' = \frac{E}{1-\mu^2}$	$Z_a = \frac{2a^2 \sqrt{1-\mu^2}}{R \cdot (t+c)}$ $r_a = \frac{\pi^2}{2} \cdot \frac{E'}{G_o} \cdot \frac{c \cdot t}{a^2}$	$Z_b = \frac{2b^2 \sqrt{1-\mu^2}}{R \cdot (t+c)}$ $r_b = \frac{\pi^2}{2} \cdot \frac{E'}{G_o} \cdot \frac{c \cdot t}{b^2}$	Kennwert $\frac{E \cdot t}{G_o \cdot R} =$
Ablesung	Fig. 6 od. 7 TN 2225 Fig. A od. B nach Anlage $C = f(\frac{c}{t}; R) =$	Fig. 7 TN 2556 C $C_{min} = f(\frac{c}{t}, R) =$	Fig. 3 TN 2637 D bei $r \geq 1$ ist $K = \frac{1}{r}$ $K = f(r, \beta = \infty) =$	Fig. 2 TN 2637 E $K = f(r, \beta) =$	Fig. 5 TN 2601 F $K_{x_a} = f(Z_a, r_a) =$	Fig. 4 TN 2601 G $K_{x_b} = f(Z_b, r_b) =$	Fig. 7 Aer.Sc. Juni 51 H $K_c = f(\frac{E \cdot t}{G_o \cdot R}) =$
krit. Beulspannung $\bar{\sigma}_{cr} =$	$C \cdot (F \cdot \bar{\sigma}_{cr_o})$	$C_{min} (F \bar{\sigma}_{cr_o})$	$K \cdot \frac{\pi^2}{4} \cdot \frac{E}{1-\mu^2} \cdot \frac{(t+c)^2}{b^2}$ für $r > 1$ ist $\bar{\sigma}_{cr} = \frac{G_o(d-t)^2}{2t(d-2t)} \approx \frac{G_o d}{2t}$ (weicher Schaum)	$K_{x_a} \frac{\pi^2}{4} \cdot \frac{E}{(1-\mu^2)} \cdot \frac{(t+c)^2}{a^2}$	$K_{x_b} \frac{\pi^2}{4} \cdot \frac{E}{(1-\mu^2)} \cdot \frac{(t+c)^2}{b^2}$	$G_o \cdot \frac{K_c(t+c)}{2 \cdot t}$

Abbildung 13

Das elast. Beulen von Sandwich-Platten und Schalen

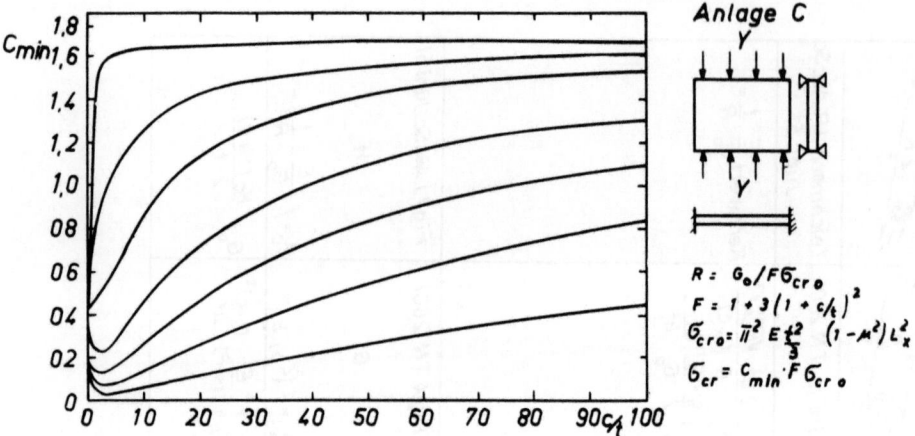

Abbildung 14
Beulen bei seitlich gestützten Rändern

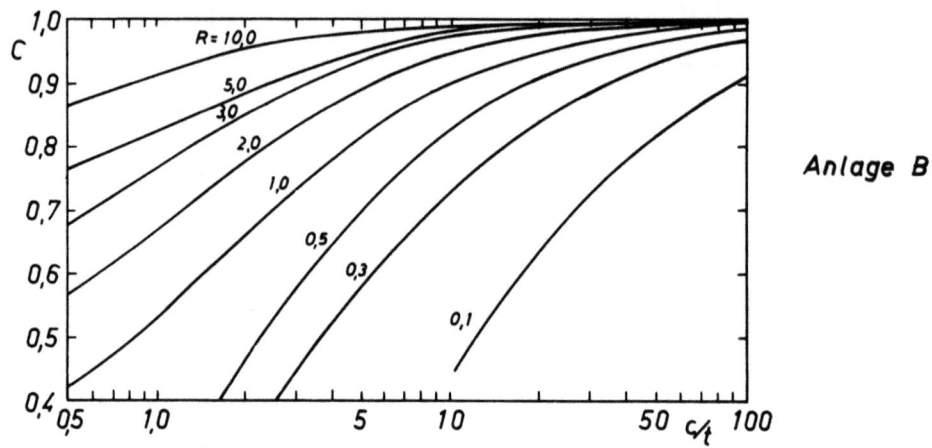

Abbildung 15
Beulen bei seitlich gestützten Rändern

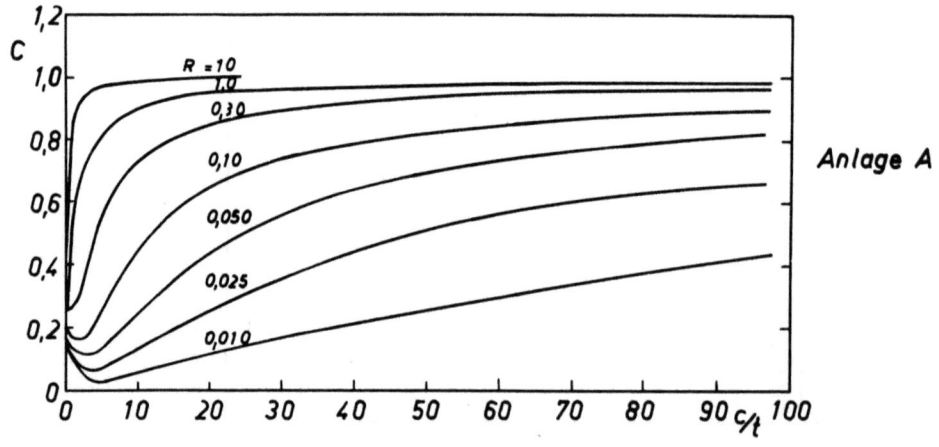

Abbildung 16
Beulen bei seitlich eingespannten Rändern

Elastisches Beulen von Verbundplatten nach HOFF NACA TN 2225 und TN 2556

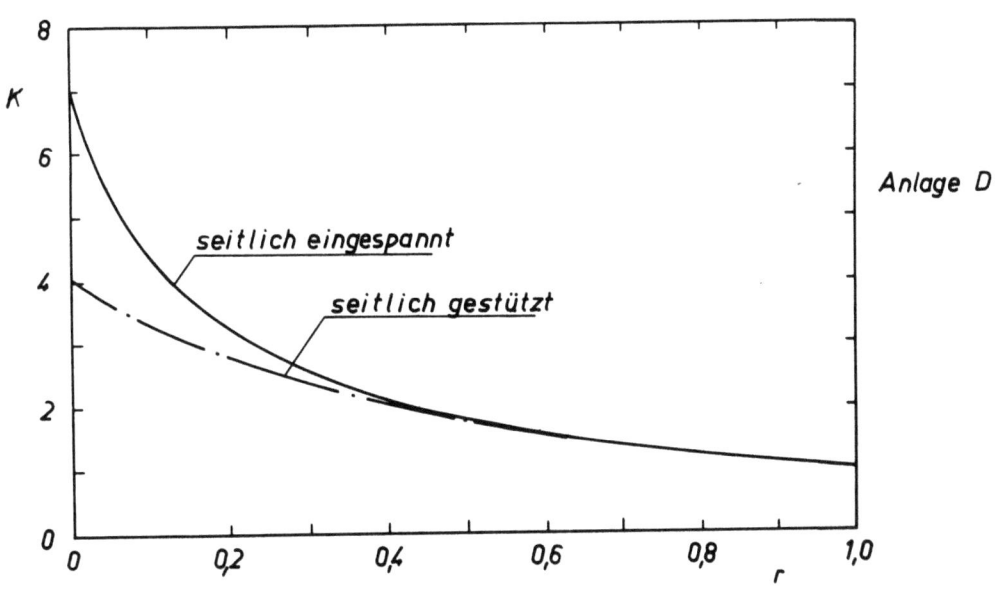

Abbildung 17
Platte unendlicher Länge unter Druck

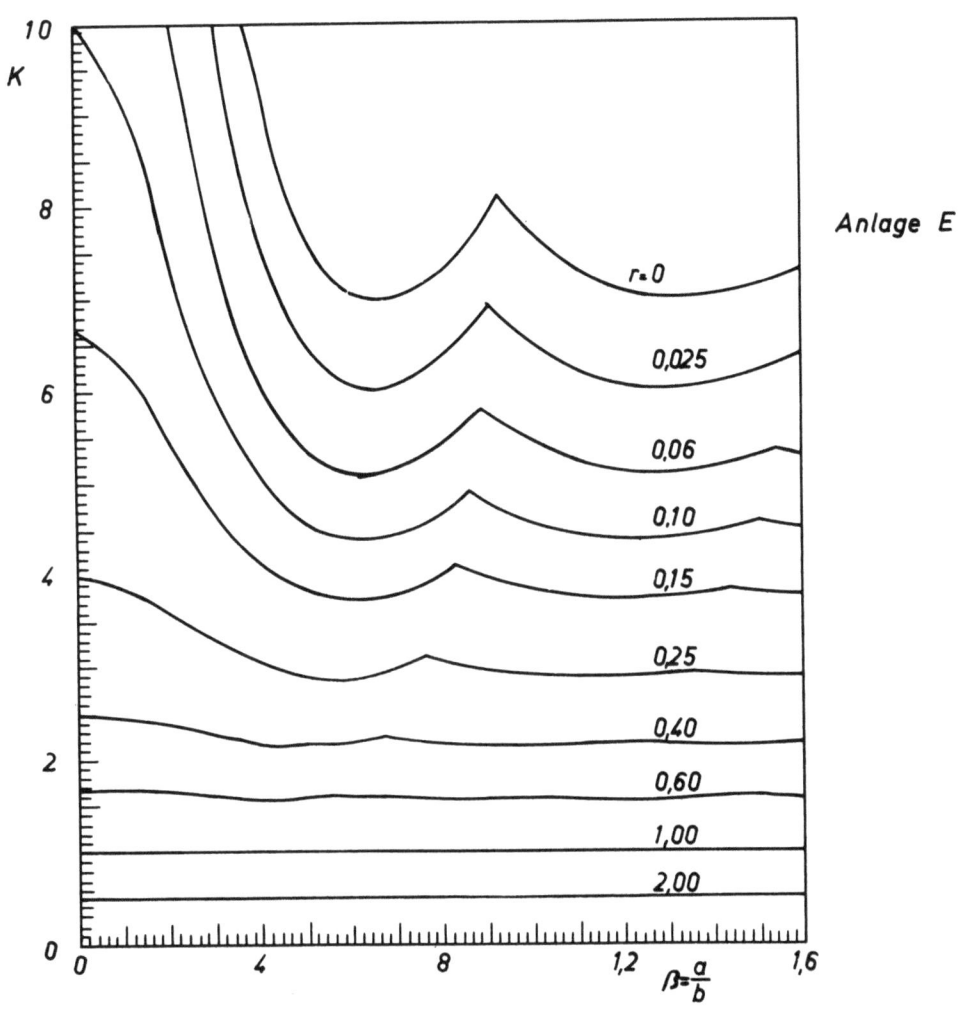

Abbildung 18
Platte mit endlicher Länge unter Druck seitlich eingespannt, belastete Seite gestützt. Eleastisches Beulen von Verbundplatten nach "SEIDE" NACA 2637

Forschungsberichte des Wirtschafts- und Verkehrsministeriums Nordrhein-Westfalen

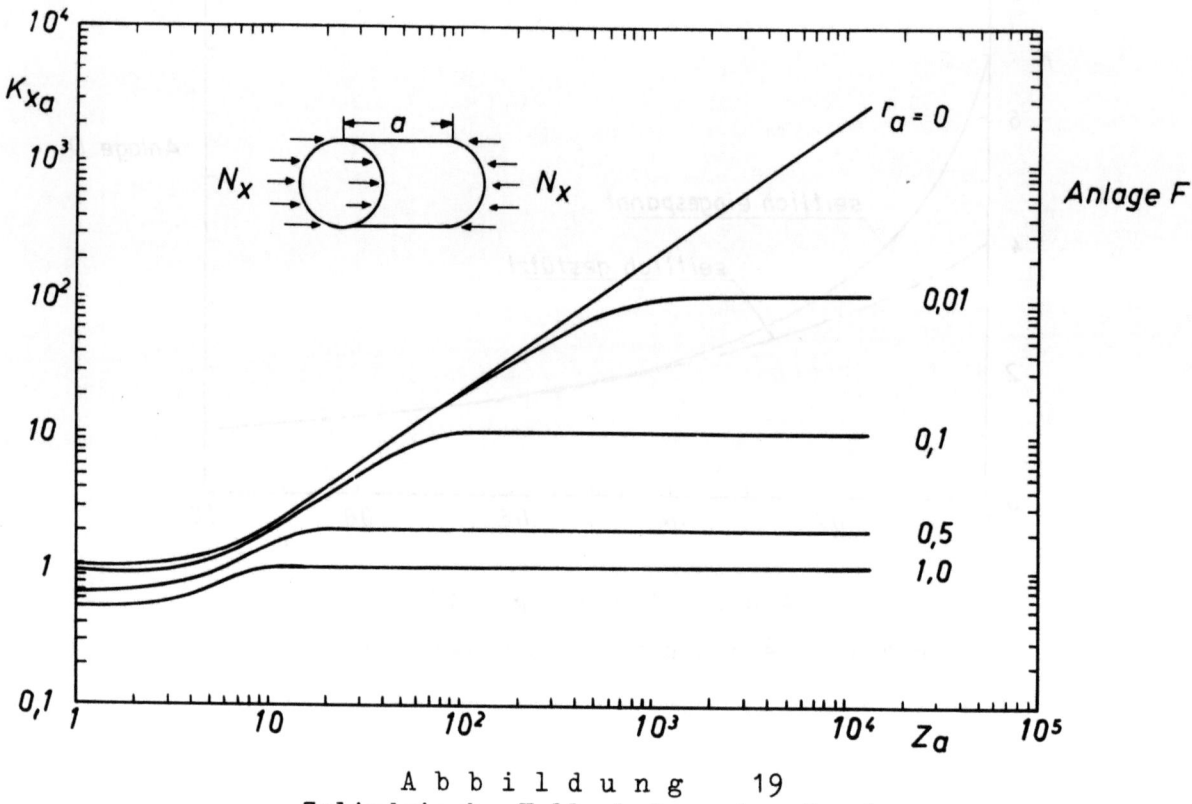

A b b i l d u n g   19
Zylindrische Vollschale unter Druck

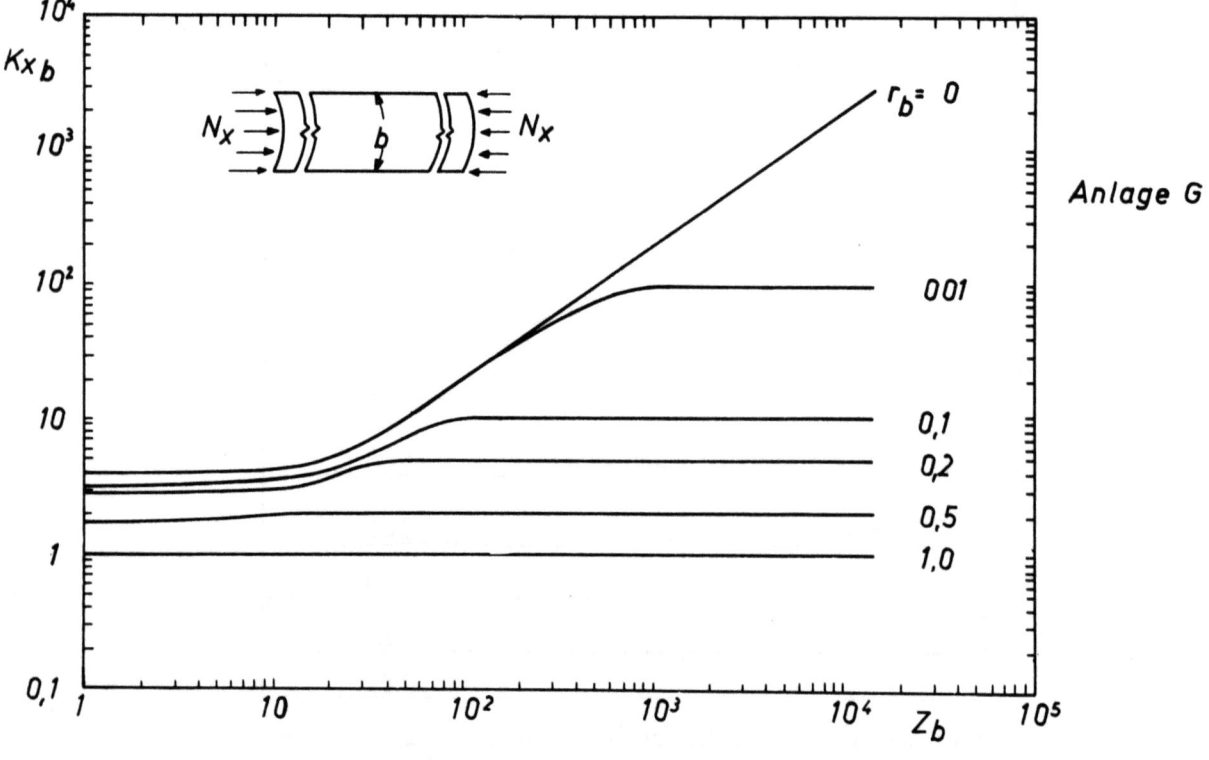

A b b i l d u n g   20
Zylindrische Teilschale unter Druck

Elastisches Beulen von zylindrischen Verbund-Schalen nach STEIN NACA TN 2601

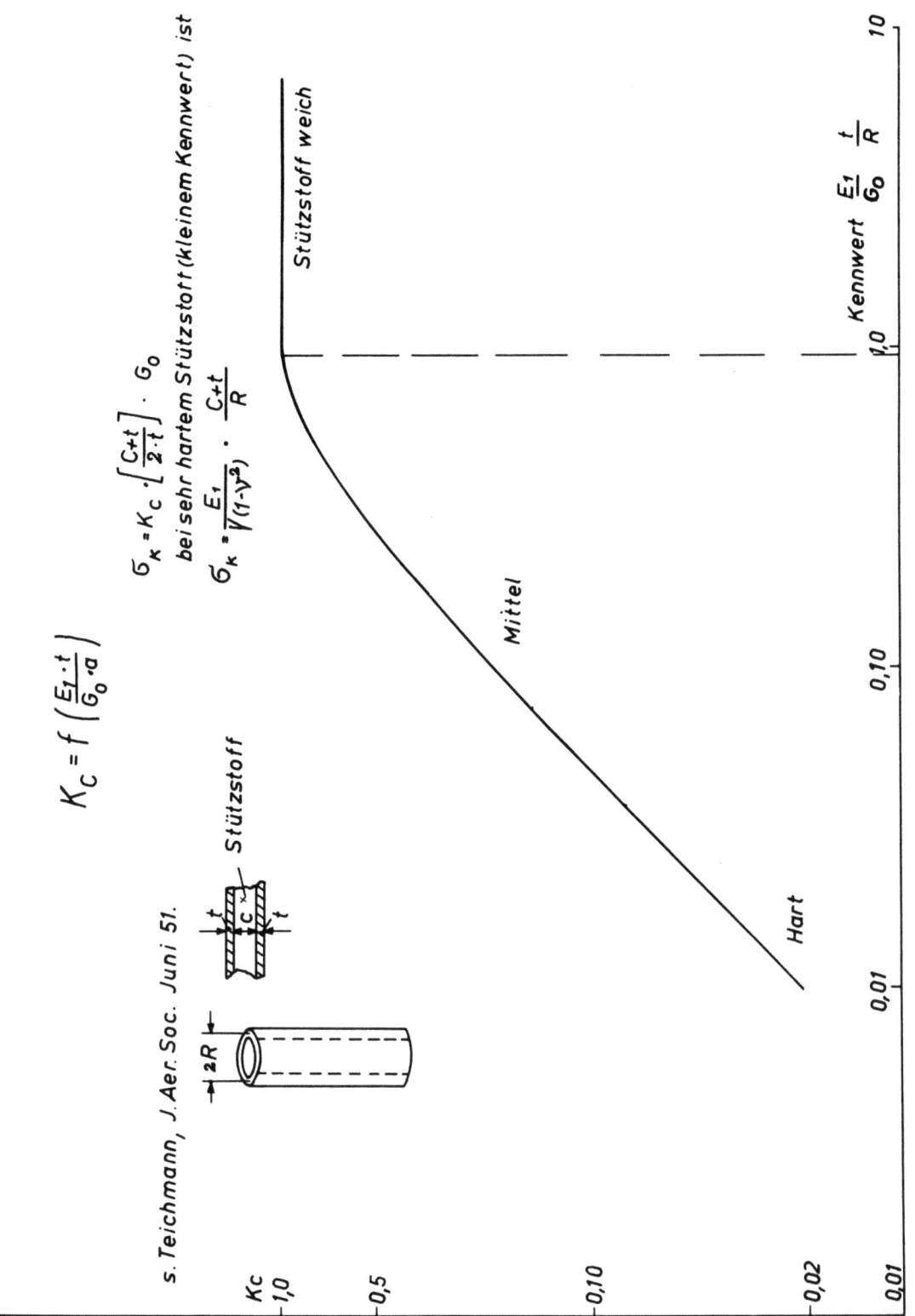

Abbildung 21
Beulkoeffizient für Zylinderschalen

Forschungsberichte des Wirtschafts- und Verkehrsministeriums Nordrhein-Westfalen

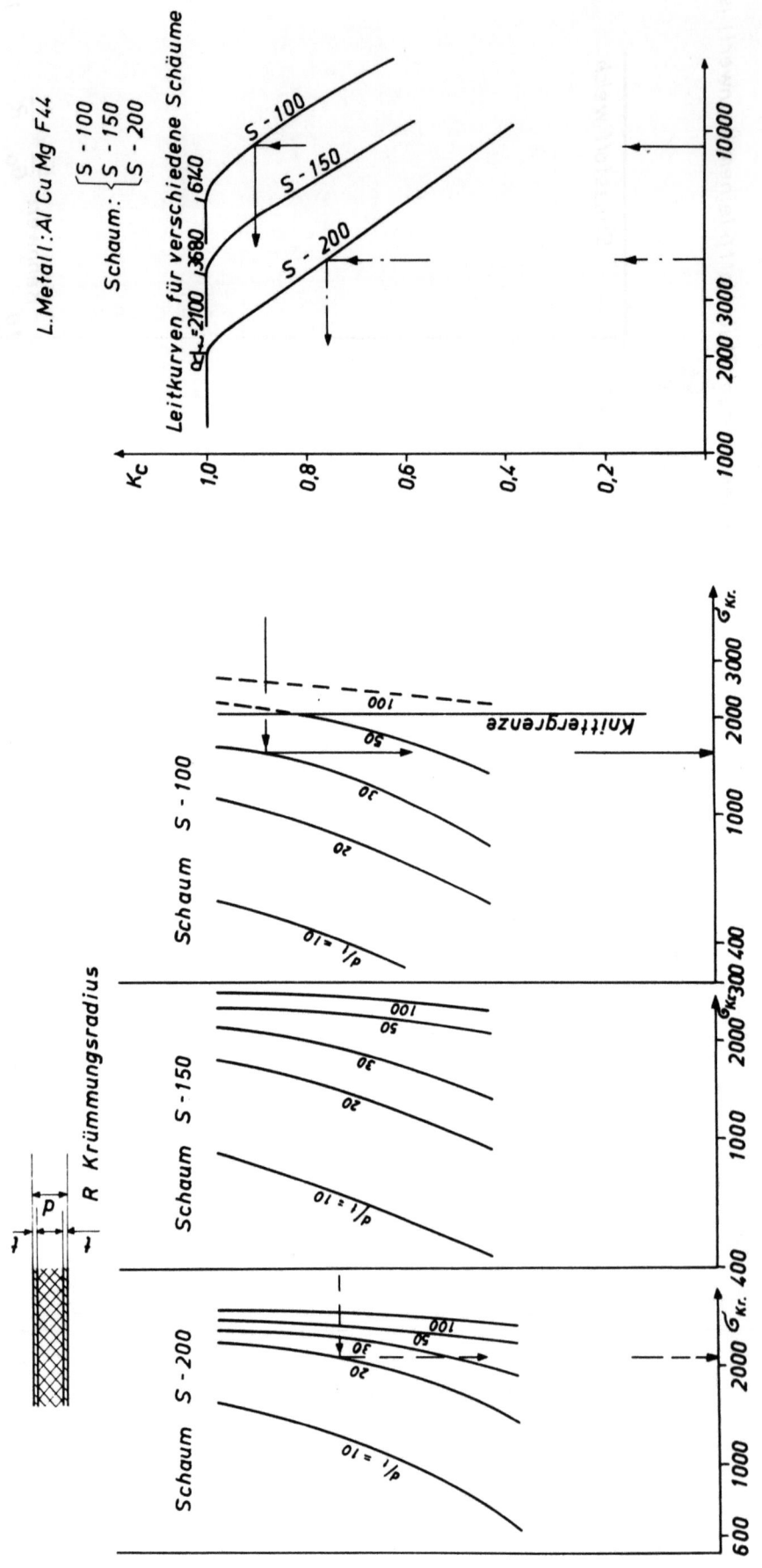

Beulen von zylindrischen Verbundschalen aus Leichtmetall-Schaum nach TEICHMANN [I. Aer. Soc., Juni 1952] mit Berücksichtigung der Abminderung im plastischen Bereich

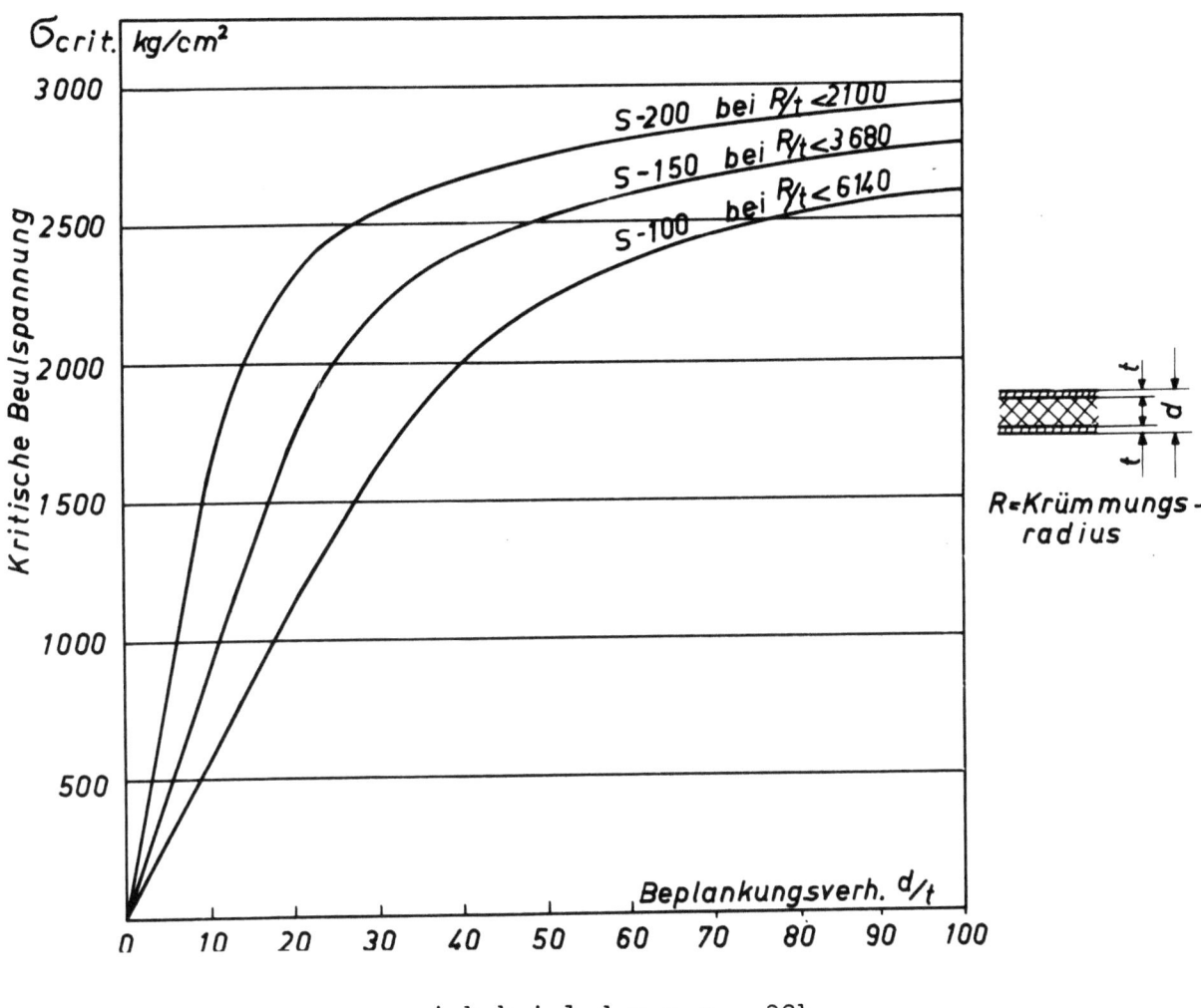

Abbildung 22b

Beulen von zylindrischen Verbundschalen nach TEICHMANN

Max. kritische Beulspannung von zylindrischen Verbundschalen

bei drei verschiedenen Schaumdichten

[TEICHMANN, I.Aer. Scs., Juni 51]

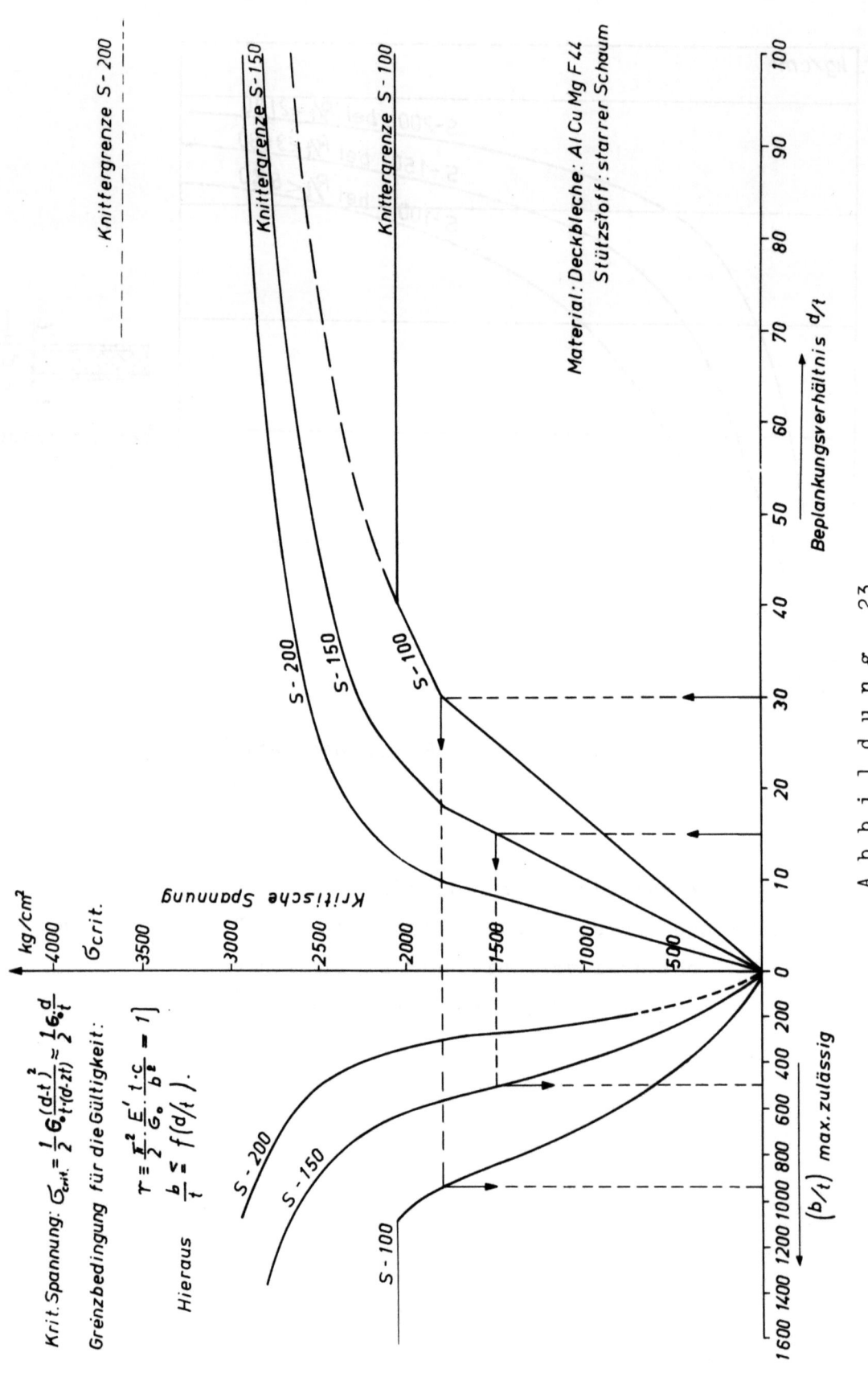

Abbildung 23

Knicken und Beulen ebener Sandwich-Platten bei seitlicher Stützung mit Grenzwerten des max. zulässigen Breitenverh. $\frac{b}{t}$ Lit.: SEIDE, TN 2637

Forschungsberichte des Wirtschafts- und Verkehrsministeriums Nordrhein-Westfalen

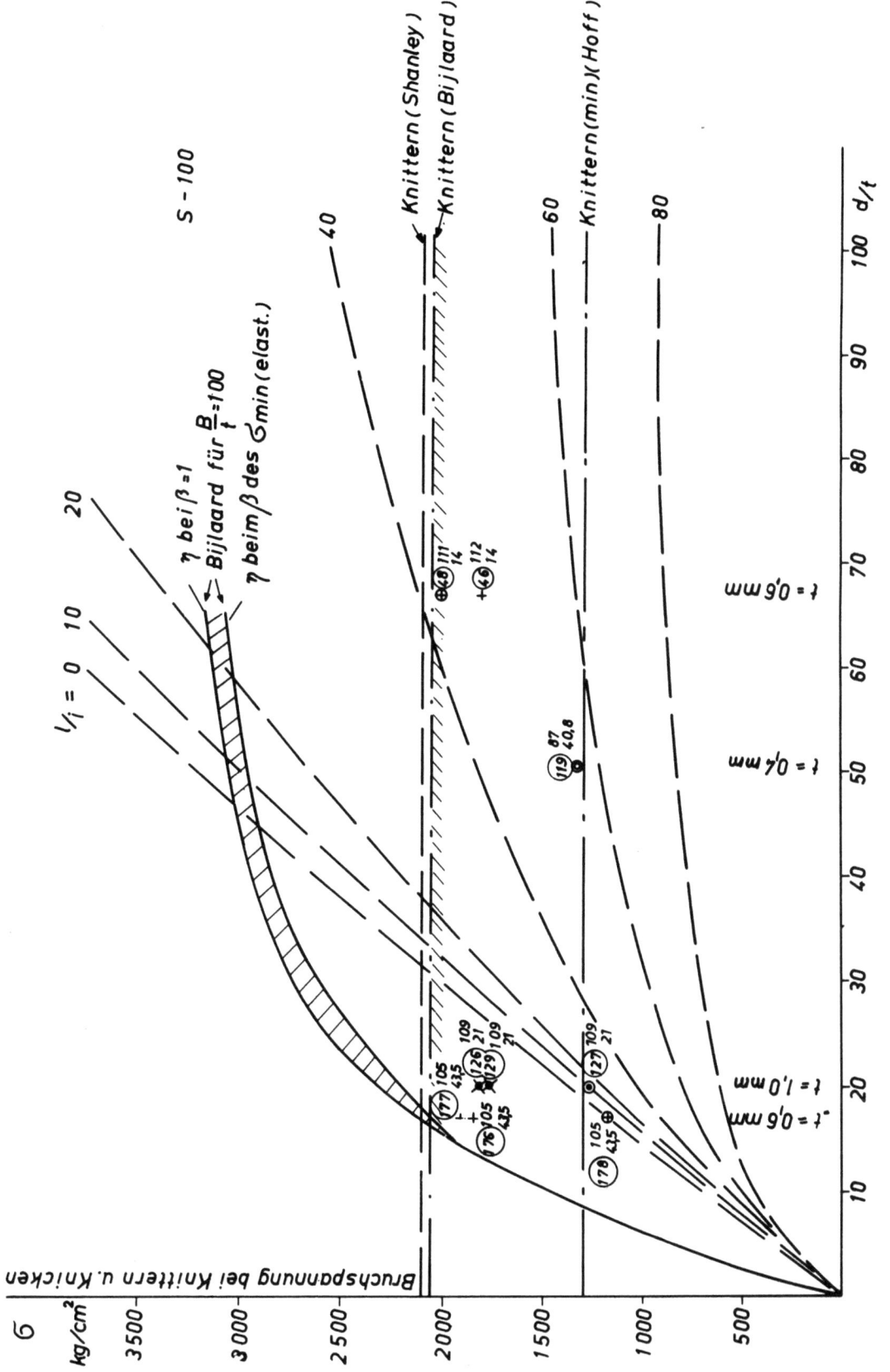

Abbildung 24

Knickversuche mit ebenen Verbundplatten, Mat.: AlCuMg F 44 und Moltopren S – 100

Forschungsberichte des Wirtschafts- und Verkehrsministeriums Nordrhein-Westfalen

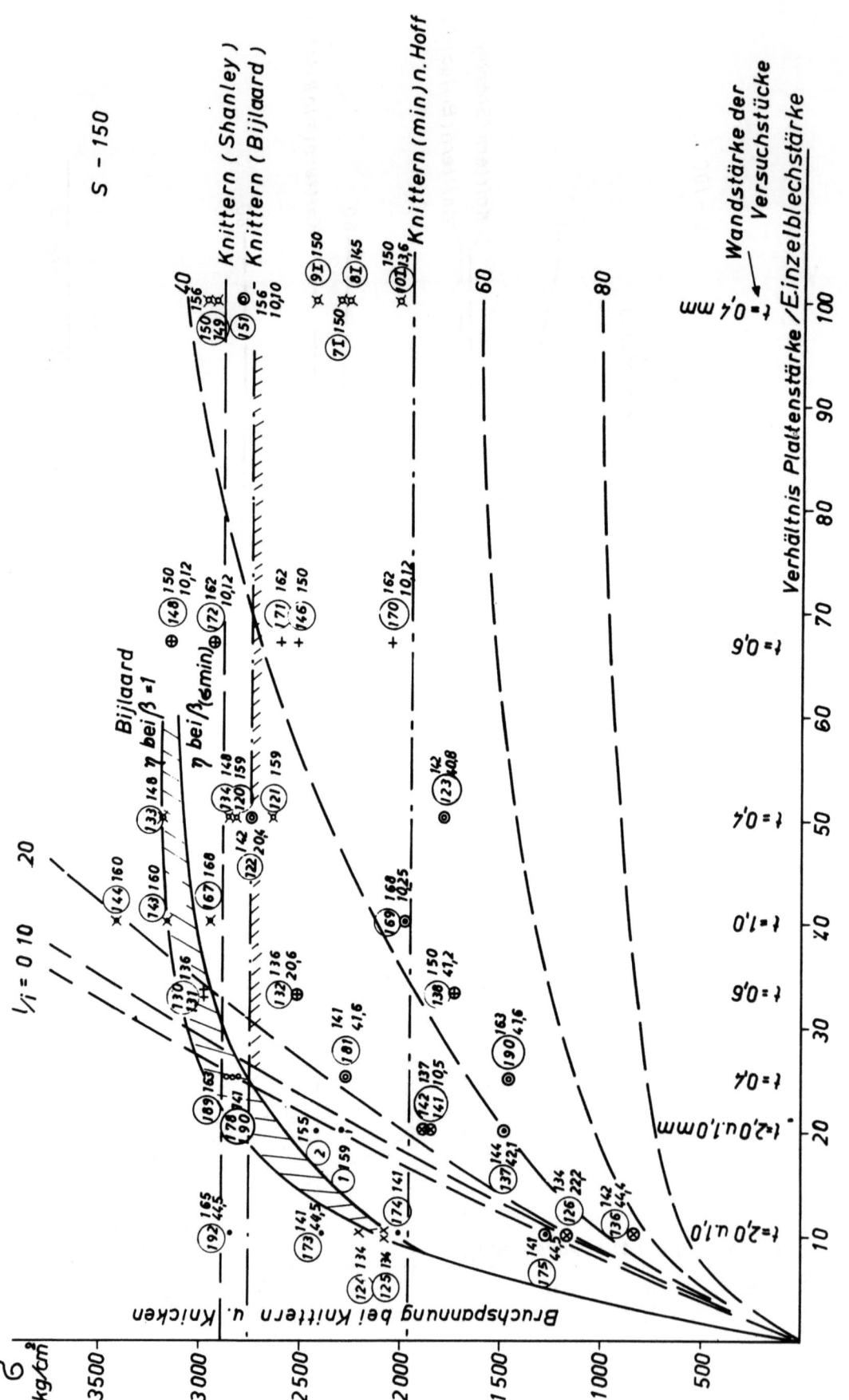

Abbildung 25

Knickversuche mit ebenen Verbundplatten, Mat.: AlCuMg F 44 und Moltopren S-150

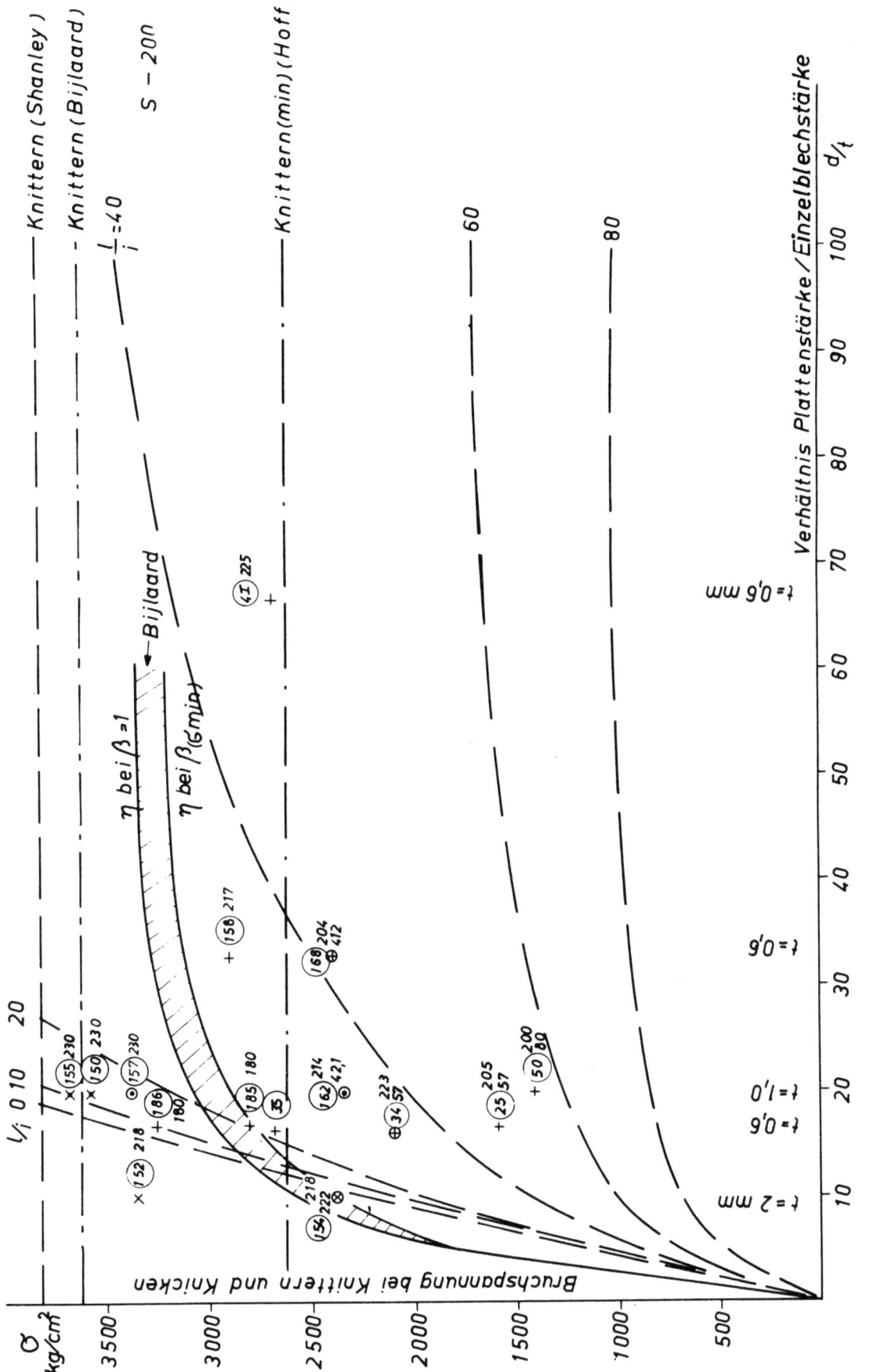

Abbildung 26 Knickversuche mit ebenen Verbundplatten, Mat.: AlCuMg F 44 und Moltopren s-200

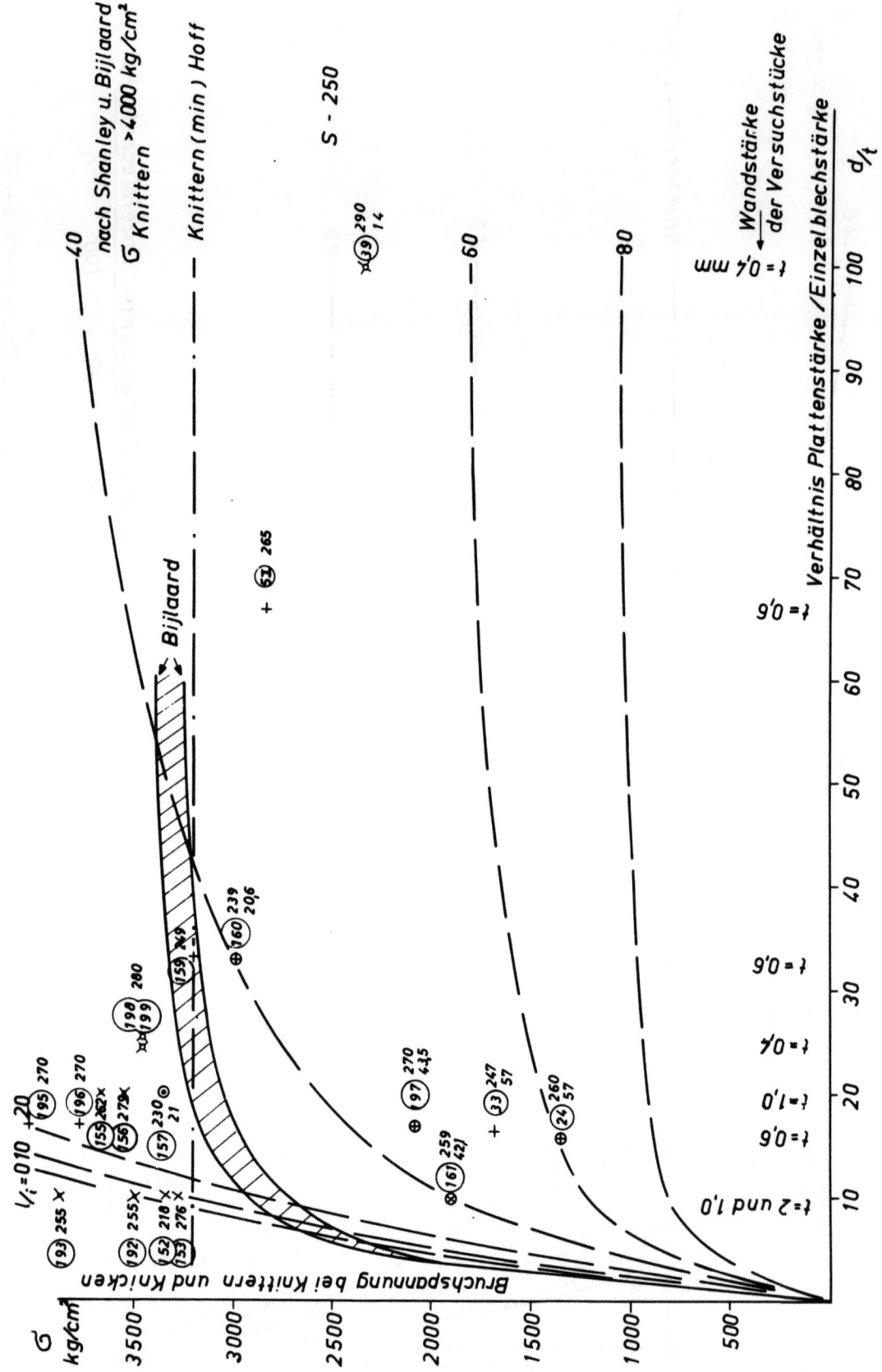

Abbildung 27

Knickversuche mit ebenen Verbundplatten, Mat.: AlCuMg F 44 und Moltopren S-250

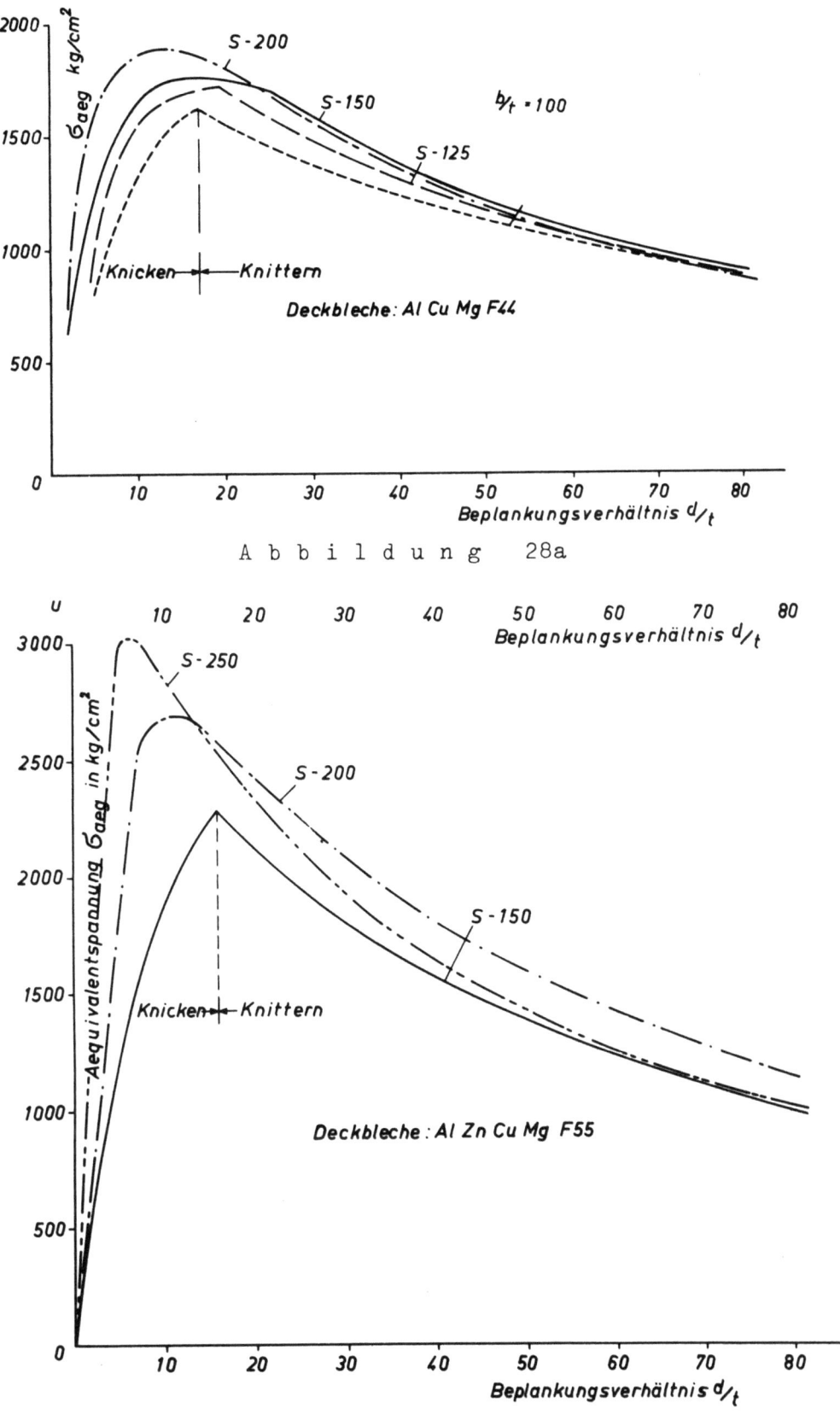

Abbildung 28a

Abbildung 28b

Erreichbare Aequivalentspannungen der Schaumverbundplatten bei verschied. Schaumgewichten und Al. Legierungen

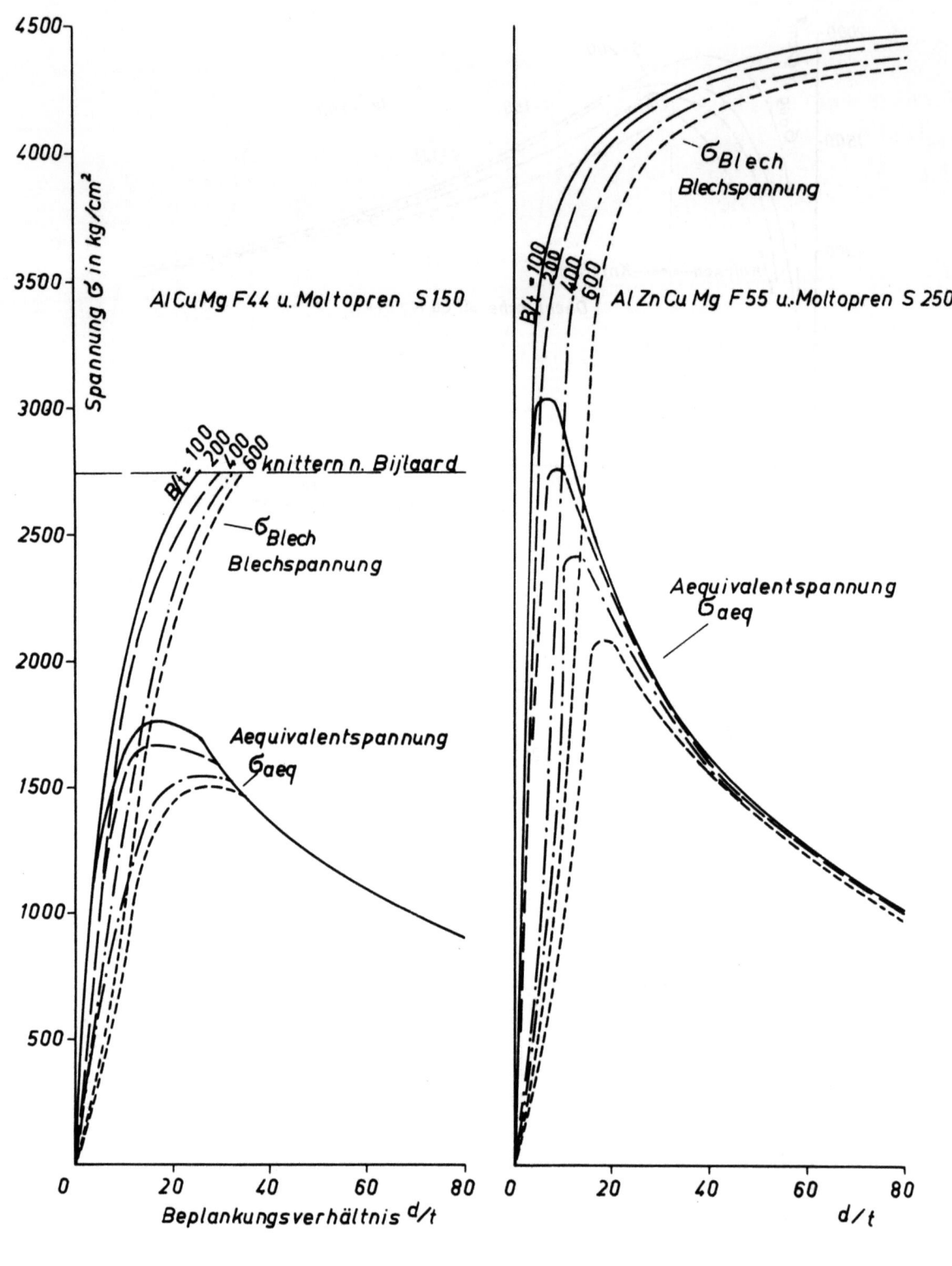

Abbildung 29
Schaumverbundplatten
Blechspannungen und Aequivalentspannungen abhängig vom
Verhältnis d/t bei verschiedenen Breitenverhältnissen B/t. ($t = 0{,}1$ cm)

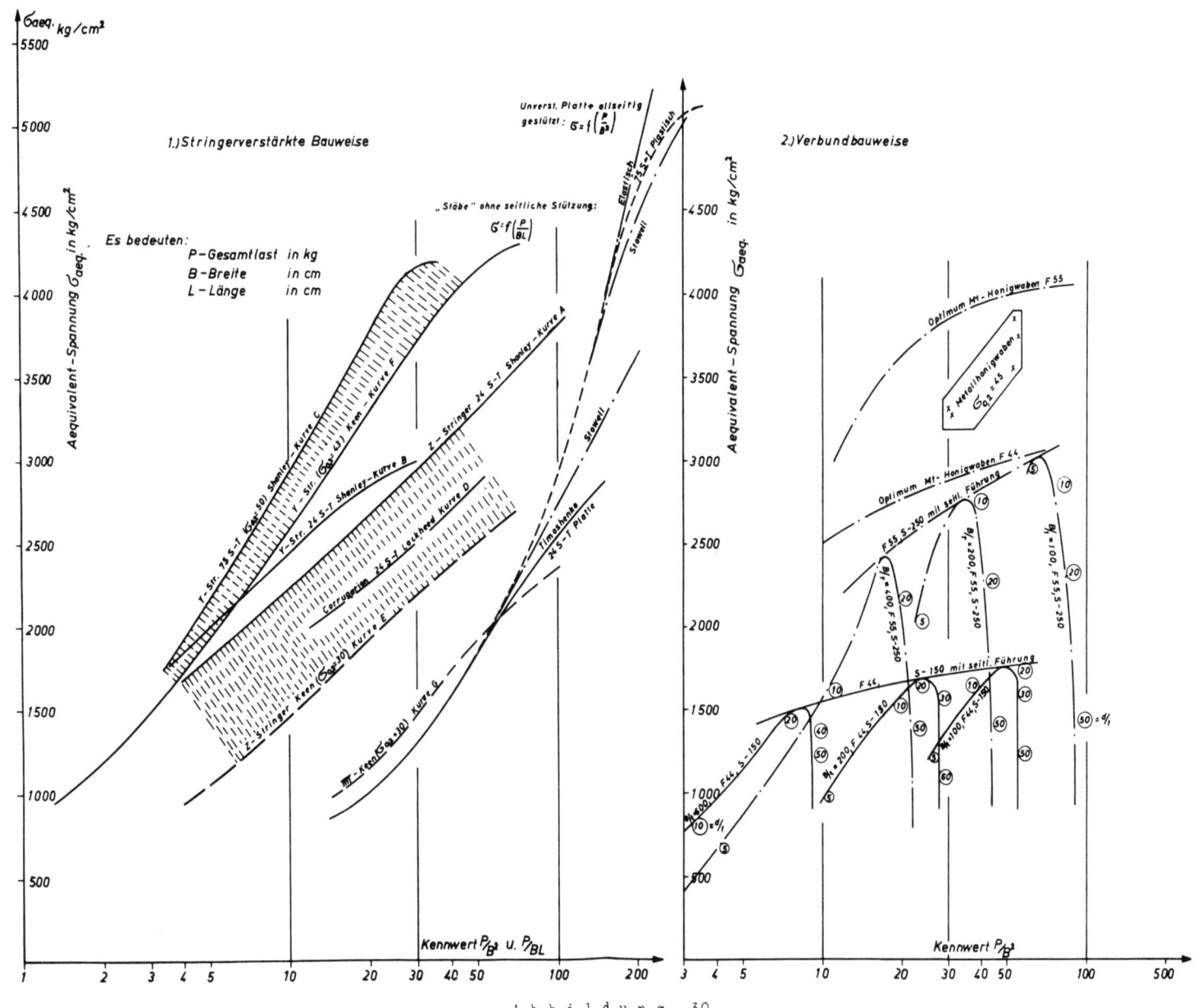

Abbildung 30

Aequivalentspannungen σ_{aeg} abhängig vom Kennwert $P/P2$ bzw P/Bl und Vergleich verschiedener Bauweisen

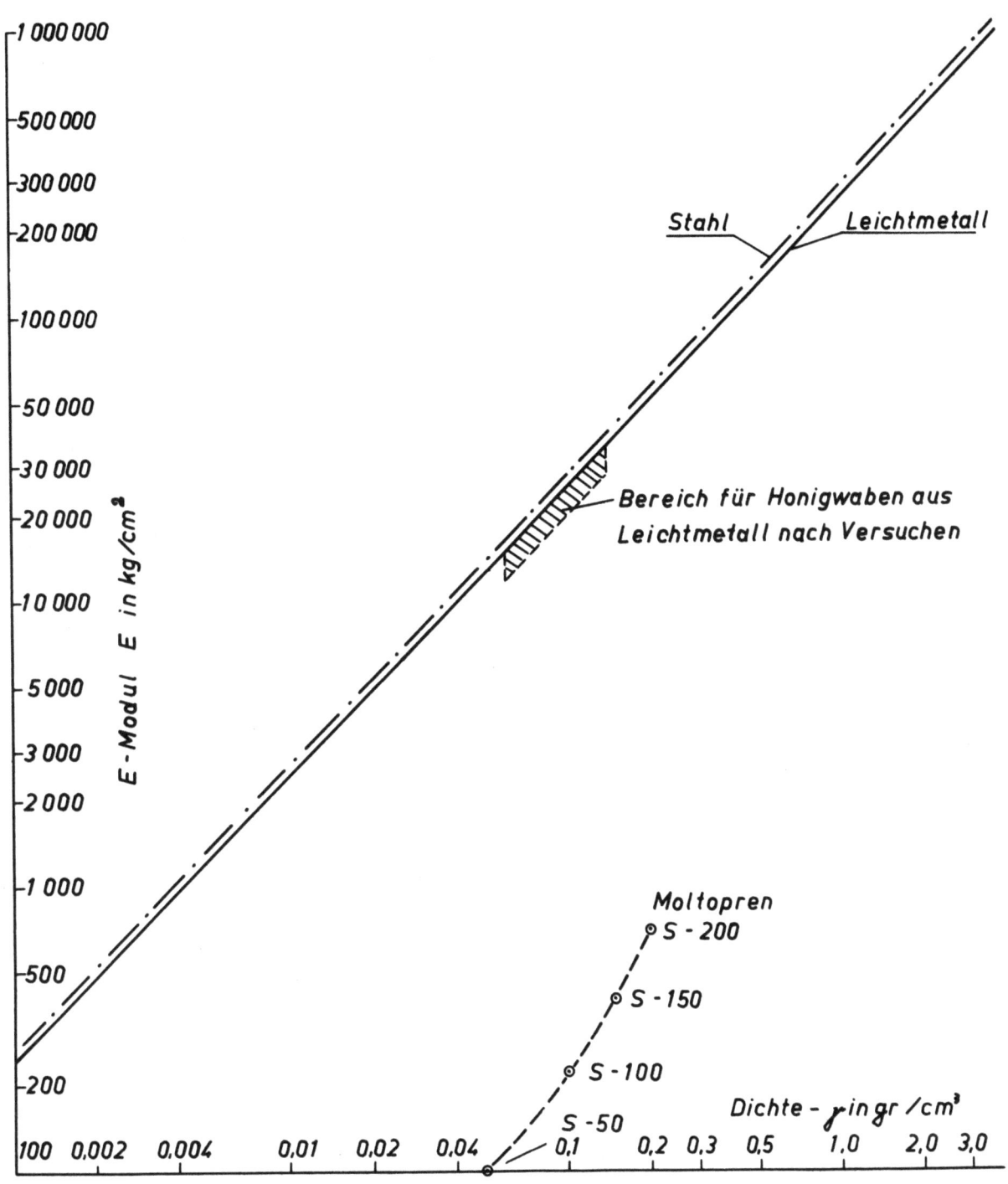

A b b i l d u n g 31
Elastizitätsmodul und Dichte

IX. Literaturverzeichnis für Verbundbauweise

(1) BIJLAARD, P.P. A theory of plastic stability and its application to thin plates of structural steel
Proc. Kon. Akad v. Wetensch, Amsterdam, Vol. 41, No. 7 pp.731-743, Sept. 1938

(2) BIJLAARD, P.P. Theory of the plastic stability of thin plates
Publ. Internat, Assoc. f. Bridge and Struct, Engineering, Zürich, Vol. 6, pp. 45-69, 1940-41

(3) BIJLAARD, P.P. Some Contributions to the Theory of Elastic and Plastic Stability
Publ. Internat, Assoc. of Bridge and Struct, Engineering, Zürich, Vol. 8, pp. 17-80, 1947

(4) BIJLAARD, P.P. Stability of Sandwich Plates, J. of Sandwich Plates,
J. of the Aer. Scs. Vol. 16, No. 9, pp. 573.574, Sept. 1949

(5) BIJLAARD, P.P. Theory and Tests on the Plastic Stability of Plates and Shells
I. Aer. Sc., Vol. 16, No. 9, pp. 529-541 Sept. 1949

(6) BIJLAARD, P.P. Stability of Sandwich Plates in Combined Shear and Compression
J. Aer. Sc., Vol. 17, No. 1, p.63, 1950

(7) BIJLAARD, P.P. Analysis of the Elastic and Plastic Stability of Sandwich Plates by the Method of Split Rigidities. Preprint No.259, Institute of the Aer.Sc., Jan.50

(8) BIJLAARD, P.P. Analysis of the Elastic and Plastic Stability of Sandwich Plates by the Method of Split Rigidities- I.u.II.

J. Aer. Sc., Vol. 18, No. 5, pp. 339-349 May 1951

(9) SULLIVAN, D.P.
Chi-Teh Wang;

Buckling of Sandwich Cylinders Under Bending and Combined Bending and Axial Compression
J. Aer. Engineering, June 1951

(10) GERARD, G.

Torsional Instability of a Long Sandwich Cylinder, to be published in Proceedings of First National Congress for Applied Mechanics

(11) GOODIER, J.N.

Cylindrical Buckling of Sandwich Plates
J. of Applied Mechanics, Vol. 13, No. 4, pa-253, Dez. 1946

(12) GOODIER, J.N. and
I.M. NEOU

The Evaluation of Theoretical Critical Compression in Sandwich Plates
J. Aer. Sc., Oct. 51

(13) GOUGH, G.S., ELAM, C.F. u.
N.A. de BRUYNE

The Stabilization of a Thin Sheet by a Continuous Supporting Medium
J. Roy, Aer. Soc., Vol, 44, pp. 12-43, June 1940

(14) HOFF, N.J. and
S.E. MAUTNER

The Buckling of Sandwich-Type Panels
J. Ae.Sc., Vol. 12, No. 3, July 1945

(15) HOFF, N.J. and
S.F. MAUTNER

Bending and Buckling of Sandwich Beams
J. Aer. Sc., Vol. 15, No. 12, p. 707, Dez. 1948

(16) HOFF, N. J.

The Strength of Laminates and Sandwich Structural Elements in Engineering Laminates
A.G.H. Dietz; John Wiley and Sons, Inc., New York, 1949

(17) HOFF, N.J.

Biegung und Beulen von rechtwinkligen Sandwichplatten
NACA 2225

Forschungsberichte des Wirtschafts- und Verkehrsministeriums Nordrhein-Westfalen

(18) HOFF, N.J. — Beulen rechteckiger Sandwichplatten bei Druck und seitlich eingespannten Rändern
NACA 2556

(19) JACOBI, Dr. Ing. — Untersuchungen an stützstoffversteiften Verbundstäben Teil I und II.
"Kunststoff" 39. Jahrgang, Heft 11 und 12

(20) KUO TAI YEN — Durchbiegung von einfach unterstützten quadr. Platten in Sandwichkonstruktion unter Querlast
NACA 2581

(21a) LEGGETT, D.M.A. u. H.G. HOPKINS — Sandwich Panels and Cylinders Under Compressive End Loads
British Aeronautical Research Council Reports and Memorands, No. 2262, 1949

(21b) MARGUERRE und FLÜGGE — Die optimale Knicklast eines Stabes, der aus zwei, durch einen leichten Füllstoff verbundenen Blechen besteht
DVL-Ber. v. 21.9.44

(21c) MARGURRE und FLÜGGE — Die optimale Beullast einer längs gedrückten, gelenkig gelagerten Platte, die aus zwei, durch einen leichten Füllstoff verbundenen Blechen besteht
DVL-Ber. C. 209/H v. 28.10.44

(21d) MARGURRE und FLÜGGE — Die optimale Bemessung der gedrückten Platte
nicht veröffentlicht

(22) MOORE, RAYMOND, J. u. J.M. ELLISON — Use of a Low-Density Core Material in Aircraft Structures
Aeronautical Engineering Review, Sept. 1952

(23) NEUBER, H. — Stabilitätstheorie der druckbeanspruchten Verbundplatte

Forschungsberichte des Wirtschafts- und Verkehrsministeriums Nordrhein-Westfalen

	English Translation Report No. T-TS-964 RE, Wright Field, Ohio, March, 1948
(24) REISSNER, Eric	Finite Deflections of Sandwich Plates J. Aer. Sc. July 48
(25) REISSNER, Eric	Small Bending and Stretching of Sandwich-Type Shells NACA TN No. 1832 März 1949
(26) SEIDE, P.	Compressive Buckling of Flat Rectanglar Metalite Type Sandwich Plates with Simply Supported Loaded Edges and Clamped Unloaded Edges NACA TN No. 1886 May 1949
(27) SEIDE, P.	Shear Buckling of Infinitely Long Simply Supported Metalite Type Sandwich Plates NACA TN No. 1910 July 1949
(28) SEIDE, P.	Druckbeulen von flachen rechteckigen Sandwich-Platten mit Metallhaut NACA 2637
(29) STEIN, M. und J. MAYERS	A Small Deflection Theory for Curved Sandwich Plates NACA TN No. 2017, Febr. 50
(30) STEIN, M.	Beulen von Zylinder und Teilschalen bei einfacher Unterstützung für Sandwich-Bauweise NACA 2601
(31) STOWELL, E.Z.	Plastic Buckling of a Long Flat Plate Under Combined Shear and Longitudinal Compression NACA TN No. 1990 Dez. 1949
(32) TEICHMANN, F.K. WANG, Chi-Teh	Finite Deflecions of Curved Sandwich Plates and Sandwich Cylinders Shermann M. Fairchild Fund Paper No. FF-4, Institue of the Aeronautical Scienes, Jan. 1951

(33) TEICHMANN, F.K.
ang CHI-TEH,
G. GERARD

Buckling of Sandwich Cylinders Under Axial Compression
J. Aer. Sc., Vol. 18, No.6, pp 398-406 June 1951

(34) WILLIAMS, D. LEGGET, D.M.A.
u. H.G. HOPKINS

Flat Sandwich Panel Under Compressive End Loads, A.R.C.
A.R.C. Technical Rep., R. and M.No. 1987 June 1941

FORSCHUNGSBERICHTE
DES WIRTSCHAFTS- UND VERKEHRSMINISTERIUMS
NORDRHEIN-WESTFALEN

Herausgegeben von Staatssekretär Prof. Dr. h. c. Leo Brandt

HEFT 1
Prof. Dr.-Ing. E. Flegler, Aachen
Untersuchungen oxydischer Ferromagnet-Werkstoffe
1952, 20 Seiten, DM 6,75

HEFT 2
Prof. Dr. W. Fuchs, Aachen
Untersuchungen über absatzfreie Teeröle
1952, 32 Seiten, 5 Abb., 6 Tabellen, DM 10,—

HEFT 3
Techn.-Wissenschaftl. Büro für die Bastfaserindustrie, Bielefeld
Untersuchungsarbeiten zur Verbesserung des Leinenwebstuhls
1952, 44 Seiten, 7 Abb., 3 Tabellen, DM 12,50

HEFT 4
Prof. Dr. E. A. Müller und Dipl.-Ing. H. Spitzer, Dortmund
Untersuchungen über die Hitzebelastung in Hüttenbetrieben
1952, 28 Seiten, 5 Abb., 1 Tabelle, DM 9,—

HEFT 5
Dipl.-Ing. W. Fister, Aachen
Prüfstand der Turbinenuntersuchungen
1952, 40 Seiten, 30 Abb., 3 Schaltbilder, DM 1,—

HEFT 6
Prof. Dr. W. Fuchs, Aachen
Untersuchungen über die Zusammensetzung und Verwendbarkeit von Schwelteerfraktionen
1952, 36 Seiten, DM 10,50

HEFT 7
Prof. Dr. W. Fuchs, Aachen
Untersuchungen über emsländisches Petrolatum
1952, 36 Seiten, 1 Abb., 17 Tabellen, DM 10,50

HEFT 8
M. E. Meffert und H. Stratmann, Essen
Algen-Großkulturen im Sommer 1951
1953, 52 Seiten, 4 Abb., 20 Tabellen, DM 9,75

HEFT 9
Techn.-Wissenschaftl. Büro für die Bastfaserindustrie, Bielefeld
Untersuchungen über die zweckmäßige Wicklungsart von Leinengarnkreuzspulen unter Berücksichtigung der Anwendung hoher Geschwindigkeiten des Garnes
Vorversuche für Zetteln und Schären von Leinengarnen auf Hochleistungsmaschinen
1952, 48 Seiten, 7 Abb., 7 Tabellen, DM 9,25

HEFT 10
Prof. Dr. W. Vogel, Köln
„Das Streifenpaar" als neues System zur mechanischen Vergrößerung kleiner Verschiebungen und seine technischen Anwendungsmöglichkeiten
1953, 20 Seiten, 6 Abb., DM 4,50

HEFT 11
Laboratorium für Werkzeugmaschinen und Betriebslehre, Technische Hochschule Aachen
1. Untersuchungen über Metallbearbeitung im Fräsvorgang mit Hartmetallwerkzeugen und negativem Spanwinkel
2. Weiterentwicklung des Schleifverfahrens für die Herstellung von Präzisionswerkstücken unter Vermeidung hoher Temperaturen
3. Untersuchung von Oberflächenveredlungsverfahren zur Steigerung der Belastbarkeit hochbeanspruchter Bauteile
1953, 80 Seiten, 61 Abb., DM 15,75

HEFT 12
Elektrowärme-Institut, Langenberg (Rhld.)
Induktive Erwärmung mit Netzfrequenz
1952, 22 Seiten, 6 Abb., DM 5,20

HEFT 13
Techn.-Wissenschaftl. Büro für die Bastfaserindustrie, Bielefeld
Das Naßspinnen von Bastfasergarnen mit chemischen Zusätzen zum Spinnbad
1953, 52 Seiten, 4 Abb., 19 Tabellen, DM 10,—

HEFT 14
Forschungsstelle für Acetylen, Dortmund
Untersuchungen über Aceton als Lösungsmittel für Acetylen
1952, 64 Seiten, 10 Abb., 26 Tabellen, DM 12,25

HEFT 15
Wäschereiforschung Krefeld
Trocknen von Wäschestoffen
1953, 48 Seiten, 14 Abb., 2 Tabellen, DM 9,—

HEFT 16
Max-Planck-Institut für Kohlenforschung, Mülheim a. d. Ruhr
Arbeiten des MPI für Kohlenforschung
1953, 104 Seiten, 9 Abb., DM 17,80

HEFT 17
Ingenieurbüro Herbert Stein, M.-Gladbach
Untersuchung der Verzugsvorgänge in den Streckwerken verschiedener Spinnereimaschinen. 1. Bericht: Vergleichende Prüfung mit verschiedenen Dickenmeßgeräten
1952, 36 Seiten, 15 Abb., DM 8,—

HEFT 18
Wäschereiforschung Krefeld
Grundlagen zur Erfassung der chemischen Schädigung beim Waschen
1953, 68 Seiten, 15 Abb., 15 Tabellen, DM 12,75

HEFT 19
Techn.-Wissenschaftl. Büro für die Bastfaserindustrie, Bielefeld
Die Auswirkung des Schlichtens von Leinengarnketten auf den Verarbeitungswirkungsgrad, sowie die Festigkeit und Dehnungsverhältnisse der Garne und Gewebe
1953, 48 Seiten, 1 Abb., 9 Tabellen, DM 9,—

HEFT 20
Techn.-Wissenschaftl. Büro für die Bastfaserindustrie, Bielefeld
Trocknung von Leinengarnen I
Vorgang und Einwirkung auf die Garnqualität
1953, 62 Seiten, 18 Abb., 5 Tabellen, DM 12,—

HEFT 21
Techn.-Wissenschaftl. Büro für die Bastfaserindustrie, Bielefeld
Trocknung von Leinengarnen II
Spulenanordnung und Luftführung beim Trocknen von Kreuzspulen
1953, 66 Seiten, 22 Abb., 9 Tabellen, DM 13,—

HEFT 22
Techn.-Wissenschaftl. Büro für die Bastfaserindustrie, Bielefeld
Die Reparaturanfälligkeit von Webstühlen
1953, 28 Seiten, 7 Abb., 5 Tabellen, DM 5,80

HEFT 23
Institut für Starkstromtechnik, Aachen
Rechnerische und experimentelle Untersuchungen zur Kenntnis der Metadyne als Umformer von konstanter Spannung auf konstanten Strom
1953, 52 Seiten, 20 Abb., 4 Tafeln, DM 9,75

HEFT 24
Institut für Starkstromtechnik, Aachen
Vergleich verschiedener Generator-Metadyne-Schaltungen in bezug auf statisches Verhalten
1952, 44 Seiten, 23 Abb., DM 8,50

HEFT 25
Gesellschaft für Kohlentechnik mbH., Dortmund-Eving
Struktur der Steinkohlen und Steinkohlen-Kokse
1953, 58 Seiten, DM 11,—

HEFT 26
Techn.-Wissenschaftl. Büro für die Bastfaserindustrie, Bielefeld
Vergleichende Untersuchungen zweier neuzeitlicher Ungleichmäßigkeitsprüfer für Bänder und Garne hinsichtlich ihrer Eignung für die Bastfaserspinnerei
1953, 64 Seiten, 30 Abb., DM 12,50

HEFT 27
Prof. Dr. E. Schratz, Münster
Untersuchungen zur Rentabilität des Arzneipflanzenanbaues Römische Kamille, Anthemis nobilis L.
1953, 16 Seiten, 1 Tabelle, DM 3,60

HEFT 28
Prof. Dr. E. Schratz, Münster
Calendula officinalis L. Studien zur Ernährung, Blütenfüllung und Rentabilität der Drogengewinnung
1953, 24 Seiten, 2 Abb., 3 Tabellen, DM 5,20

HEFT 29
Techn.-Wissenschaftl. Büro für die Bastfaserindustrie, Bielefeld
Die Ausnützung der Leinengarne in Geweben
1953, 100 Seiten, 14 Abb., 10 Tabellen, DM 17,80

HEFT 30
Gesellschaft für Kohlentechnik mbH., Dortmund-Eving
Kombinierte Entaschung und Verschwelung von Steinkohle; Aufarbeitung von Steinkohlenschlämmen zu verkokbarer oder verschwelbarer Kohle
1953, 56 Seiten, 16 Abb., 10 Tabellen, DM 10,50

HEFT 31
Dipl.-Ing. A. Stormanns, Essen
Messung des Leistungsbedarfs von Doppelsteg-Kettenförderern
1954, 54 Seiten, 18 Abb., 3 Anlagen, DM 11,—

HEFT 32
Techn.-Wissenschaftl. Büro für die Bastfaserindustrie, Bielefeld
Der Einfluß der Natriumchloridbleiche auf Qualität und Verwebbarkeit von Leinengarnen und die Eigenschaften der Leinengewebe unter besonderer Berücksichtigung des Einsatzes von Schützen- und Spulenwechselautomaten in der Leinenweberei
1953, 64 Seiten, 2 Abb., 12 Tabellen, DM 11,50

HEFT 33
Kohlenstoffbiologische Forschungsstation e. V.
Eine Methode zur Bestimmung von Schwefeldioxyd und Schwefelwasserstoff in Rauchgasen und in der Atmosphäre
1953, 32 Seiten, 8 Abb., 3 Tabellen, DM 6,50

HEFT 34
Textilforschungsanstalt Krefeld
Quellungs- und Entquellungsvorgänge bei Faserstoffen
1953, 52 Seiten, 13 Abb., 13 Tabellen, DM 9,80

WESTDEUTSCHER VERLAG · KÖLN UND OPLADEN

HEFT 35
Professor Dr. W. Kast, Krefeld
Feinstrukturuntersuchungen an künstlichen Zellulosefasern verschiedener Herstellungsverfahren. Teil I: Der Orientierungszustand
1953, 74 Seiten, 30 Abb., 7 Tabellen, DM 13,80

HEFT 36
Forschungsinstitut der feuerfesten Industrie, Bonn
Untersuchungen über die Trocknung von Rohton
Untersuchungen über die chemische Reinigung von Silika- und Schamotte-Rohstoffen mit chlorhaltigen Gasen
1953, 60 Seiten, 5 Abb., 5 Tabellen, DM 11,—

HEFT 37
Forschungsinstitut der feuerfesten Industrie, Bonn
Untersuchungen über den Einfluß der Probenvorbereitung auf die Kaltdruckfestigkeit feuerfester Steine
1953, 40 Seiten, 2 Abb., 5 Tabellen, DM 7,80

HEFT 38
Forschungsstelle für Acetylen, Dortmund
Untersuchungen über die Trocknung von Acetylen zur Herstellung von Dissousgas
1953, 36 Seiten, 11 Abb., 3 Tabellen, DM 6,80

HEFT 39
Forschungsgesellschaft Blechverarbeitung e. V., Düsseldorf
Untersuchungen an prägegemusterten und vorgelochten Blechen
1953, 46 Seiten, 34 Abb., DM 9,50

HEFT 40
*Landesgeologe Dr.-Ing. W. Wolff,
Amt für Bodenforschung, Krefeld*
Untersuchungen über die Anwendbarkeit geophysikalischer Verfahren zur Untersuchung von Spateisengängen im Siegerland
1953, 46 Seiten, 8 Abb., DM 8,80

HEFT 41
Techn.-Wissenschaftl. Büro für die Bastfaserindustrie, Bielefeld
Untersuchungsarbeiten zur Verbesserung des Leinenwebstuhles II
1953, 40 Seiten, 4 Abb., 5 Tabellen, DM 7,80

HEFT 42
Professor Dr. B. Helferich, Bonn
Untersuchungen zur Wirkstoffe — Fermente — in der Kartoffel und die Möglichkeit ihrer Verwendung
1953, 58 Seiten, 9 Abb., DM 11,—

HEFT 43
Forschungsgesellschaft Blechverarbeitung e. V., Düsseldorf
Forschungsergebnisse über das Beizen von Blechen
1953, 48 Seiten, 38 Abb., 2 Tabellen, DM 11,30

HEFT 44
Arbeitsgemeinschaft für praktische Dehnungsmessung, Düsseldorf
Eigenschaften und Anwendungen von Dehnungsmeßstreifen
1953, 68 Seiten, 43 Abb., 2 Tabellen, DM 13,70

HEFT 45
Losenhausenwerk Düsseldorfer Maschinenbau AG., Düsseldorf
Untersuchungen von störenden Einflüssen auf die Lastgrenzenanzeige von Dauerschwingprüfmaschinen
1953, 36 Seiten, 11 Abb., 3 Tabellen, DM 7,25

HEFT 46
Prof. Dr. W. Fuchs, Aachen
Untersuchungen über die Aufbereitung von Wasser für die Dampferzeugung in Benson-Kesseln
1953, 58 Seiten, 18 Abb., 9 Tabellen, DM 11,20

HEFT 47
Prof. Dr.-Ing. K. Krekeler, Aachen
Versuche über die Anwendung der induktiven Erwärmung zum Sintern von hochschmelzenden Metallen sowie zur Anlegierung und Vergütung von aufgespritzten Metallschichten mit dem Grundwerkstoff
1954, 66 Seiten, 39 Abb., DM 13,90

HEFT 48
Max-Planck-Institut für Eisenforschung, Düsseldorf
Spektrochemische Analyse der Gefügebestandteile in Stählen nach ihrer Isolierung
1953, 38 Seiten, 8 Abb., 5 Tabellen, DM 7,80

HEFT 49
Max-Planck-Institut für Eisenforschung, Düsseldorf
Untersuchungen über Ablauf der Desoxydation und die Bildung von Einschlüssen in Stählen
1953, 52 Seiten, 19 Abb., 3 Tabellen, DM 12,40

HEFT 50
Max-Planck-Institut für Eisenforschung, Düsseldorf
Flammenspektralanalytische Untersuchung der Ferritzusammensetzung in Stählen
1953, 44 Seiten, 15 Abb., 4 Tabellen, DM 8,60

HEFT 51
Verein zur Förderung von Forschungs- und Entwicklungsarbeiten in der Werkzeugindustrie e. V., Remscheid
Untersuchungen an Kreissägeblättern für Holz, Fehler- und Spannungsprüfverfahren
1953, 50 Seiten, 23 Abb., DM 10,—

HEFT 52
Forschungsstelle für Acetylen, Dortmund
Untersuchungen über den Umsatz bei der explosiblen Zersetzung von Azetylen
 a) Zersetzung von gasförmigem Azetylen
 b) Zersetzung von an Silikagel absorbiertem Azetylen
1954, 48 Seiten, 8 Abb., 10 Tabellen, DM 9,25

HEFT 53
Professor Dr.-Ing. H. Opitz, Aachen
Reibwert und Verschleißmessungen an Kunststoffgleitführungen für Werkzeugmaschinen
1954, 38 Seiten, 18 Abb., DM 8,20

HEFT 54
Professor Dr.-Ing. F. A. F. Schmidt, Aachen
Schaffung von Grundlagen für die Erhöhung der spez. Leistung und Herabsetzung des spez. Brennstoffverbrauches bei Ottomotoren mit Teilbericht über Arbeiten an einem neuen Einspritzverfahren
1954, 34 Seiten, 15 Abb., DM 7,40

HEFT 55
Forschungsgesellschaft Blechverarbeitung e. V., Düsseldorf
Chemisches Glänzen von Messing und Neusilber
1954, 50 Seiten, 21 Abb., 1 Tabelle, DM 10,20

HEFT 56
Forschungsgesellschaft Blechverarbeitung e. V., Düsseldorf
Untersuchungen über einige Probleme der Behandlung von Blechoberflächen
1954, 52 Seiten, 42 Abb., DM 11,20

HEFT 57
Prof. Dr.-Ing. F. A. F. Schmidt, Aachen
Untersuchungen zur Erforschung des Einflusses des chemischen Aufbaues des Kraftstoffes auf sein Verhalten im Motor und in Brennkammern von Gasturbinen
1954, 70 Seiten, 32 Abb., DM 14,60

HEFT 58
Gesellschaft für Kohlentechnik mbH., Dortmund
Herstellung und Untersuchung von Steinkohlenschwelteer
1954, 74 Seiten, 9 Abb., 9 Tabellen, DM 13,75

HEFT 59
Forschungsinstitut der Feuerfest-Industrie. e. V., Bonn
Ein Schnellanalysenverfahren zur Bestimmung von Aluminiumoxyd, Eisenoxyd und Titanoxyd in feuerfestem Material mittels organischer Farbreagenzien auf photometrischem Wege
Untersuchungen des Alkali-Gehaltes feuerfester Stoffe mit dem Flammenphotometer nach Riehm-Lange
1954, 62 Seiten, 12 Abb., 3 Tabellen, DM 11,60

HEFT 60
Forschungsgesellschaft Blechverarbeitung e. V., Düsseldorf
Untersuchungen über das Spritzlackieren im elektrostatischen Hochspannungsfeld
1954, 82 Seiten, 53 Abb., 7 Tabellen, DM 17,—

HEFT 61
Verein zur Förderung von Forschungs- und Entwicklungsarbeiten in der Werkzeugindustrie e. V., Remscheid
Schwingungs- und Arbeitsverhalten von Kreissägeblättern für Holz
1954, 54 Seiten, 31 Abb., DM 11,40

HEFT 62
Professor Dr. W. Franz, Institut für theoretische Physik der Universität Münster
Berechnung des elektrischen Durchschlags durch feste und flüssige Isolatoren
1954, 36 Seiten, DM 7,—

HEFT 63
Textilforschungsanstalt Krefeld
Neue Methoden zur Untersuchung der Wirkungsweise von Textilhilfsmitteln
Untersuchungen über Schlichtungs- und Entschlichtungsvorgänge
1954, 34 Seiten, 1 Abb., 5 Tabellen, DM 6,80

HEFT 64
Textilforschungsanstalt Krefeld
Die Kettenlängenverteilung von hochpolymeren Faserstoffen
Über die fraktionierte Fällung von Polyamiden
1954, 44 Seiten, 13 Abb., DM 8,60

HEFT 65
Fachverband Schneidwarenindustrie, Solingen
Untersuchungen über das elektrolytische Polieren von Tafelmesserklingen aus rostfreiem Stahl
1954, 90 Seiten, 38 Abb., 9 Tabellen, DM 17,35

HEFT 66
Dr.-Ing. P. Füßgen VDI †, Düsseldorf
Untersuchungen über das Auftreten des Ratterns bei selbsthemmenden Schneckengetrieben und seine Verhütung
1954, 32 Seiten, 5 Abb., DM 6,60

HEFT 67
Heinrich Wösthoff o. H. G., Apparatebau, Bochum
Entwicklung einer chemisch-physikalischen Apparatur zur Bestimmung kleinster Kohlenoxyd-Konzentrationen
1954, 94 Seiten, 48 Abb., 2 Tabellen, DM 18,25

HEFT 68
Kohlenstoffbiologische Forschungsstation e. V., Essen
Algengroßkulturen im Sommer 1952
II. Über die unsterile Großkultur von Scenedesmus obliquus
1954, 62 Seiten, 3 Abb., 29 Tabellen, DM 11,40

HEFT 69
Wäschereiforschung Krefeld
Bestimmung des Faserabbaues bei Leinen unter besonderer Berücksichtigung der Leinengarnbleiche
1954, 48 Seiten, 15 Abb., 3 Tabellen, DM 9,60

HEFT 70
Wäschereiforschung Krefeld
Trocknen von Wäschestoffen
1954, 52 Seiten, 18 Abb., 3 Tabellen, DM 10,—

HEFT 71
Prof. Dr.-Ing. K. Leist, Aachen
Kleingasturbinen, insbesondere zum Fahrzeugantrieb
1954, 114 Seiten, 85 Abb., DM 22,—

HEFT 72
Prof. Dr.-Ing. K. Leist, Aachen
Beitrag zur Untersuchung von stehenden geraden Turbinengittern mit Hilfe von Druckverteilungsmessungen
1954, 152 Seiten, 111 Abb., DM 36,20

HEFT 73
Prof. Dr.-Ing. K. Leist, Aachen
Spannungsoptische Untersuchungen von Turbinenschaufelfüßen
1954, 66 Seiten, 46 Abb., 2 Tabellen, DM 14,60

HEFT 74
Max-Planck-Institut für Eisenforschung, Düsseldorf
Versuche zur Klärung des Umwandlungsverhaltens eines sonderkarbidbildenden Chromstahls
1954, 58 Seiten, 10 Abb., DM 14,—

HEFT 75
Max-Planck-Institut für Eisenforschung, Düsseldorf
Zeit-Temperatur-Umwandlungs-Schaubilder als Grundlage der Wärmebehandlung der Stähle
1954, 44 Seiten, 13 Abb., DM 8,70

HEFT 76
Max-Planck-Institut für Arbeitsphysiologie, Dortmund
Arbeitstechnische und arbeitsphysiologische Rationalisierung von Mauersteinen
1954, 52 Seiten, 12 Abb., 3 Tabellen, DM 10,20

HEFT 77
Meteor Apparatebau Paul Schmeck GmbH., Siegen
Entwicklung von Leuchtstoffröhren hoher Leistung
1954, 46 Seiten, 12 Abb., 2 Tabellen, DM 9,15

HEFT 78
Forschungsstelle für Acetylen, Dortmund
Über die Zustandsgleichung des gasförmigen Acetylens und das Gleichgewicht Acetylen — Aceton
1954, 42 Seiten, 3 Abb., 8 Tabellen, DM 8,—

HEFT 79
Techn.-Wissenschaftl. Büro für die Bastfaserindustrie, Bielefeld
Trocknung von Leinengarnen III
Spinnspulen- und Spinnkopstrocknung
Vorgang und Einwirkung auf die Garnqualität
1954, 74 Seiten, 18 Abb., 10 Tabellen, DM 14,—

WESTDEUTSCHER VERLAG · KÖLN UND OPLADEN

HEFT 80
Techn.-Wissenschaftl. Büro für die Bastfaserindustrie, Bielefeld
Die Verarbeitung von Leinengarn auf Webstühlen mit und ohne Oberbau
1954, 30 Seiten, 2 Abb., 2 Tabellen, DM 6,—

HEFT 81
Prüf- und Forschungsinstitut für Ziegeleierzeugnisse, Essen-Kray
Die Einführung des großformatigen Einheits-Gitterziegels im Lande Nordrhein-Westfalen
1954, 54 Seiten, 2 Abb., 2 Tabellen, DM 10,—

HEFT 82
Vereinigte Aluminium-Werke AG., Bonn
Forschungsarbeiten auf dem Gebiet der Veredelung von Aluminium-Oberflächen
1954, 46 Seiten, 34 Abb., DM 9,60

HEFT 83
Prof. Dr. S. Strugger, Münster
Über die Struktur der Proplastiden
1954, 30 Seiten, 15 Abb., DM 8,40

HEFT 84
Dr. H. Baron, Düsseldorf
Über Standardisierung von Wundtextilien
1954, 32 Seiten, DM 6,40

HEFT 85
Textilforschungsanstalt Krefeld
Physikalische Untersuchungen an Fasern, Fäden, Garnen und Geweben:
Untersuchungen am Knickscheuergerät nach Weltzien
1954, 40 Seiten, 11 Abb., 8 Tabellen, DM 10,—

HEFT 86
Prof. Dr.-Ing. H. Opitz, Aachen
Untersuchungen über das Fräsen von Baustahl sowie über den Einfluß des Gefüges auf die Zerspanbarkeit
1954, 108 Seiten, 73 Abb., 7 Tabellen, DM 22,—

HEFT 87
Gemeinschaftsausschuß Verzinken, Düsseldorf
Untersuchungen über Güte von Verzinkungen
1954, 68 Seiten, 56 Abb., 3 Tabellen, DM 15,30

HEFT 88
Gesellschaft für Kohlentechnik mbH., Dortmund-Eving
Oxydation von Steinkohle mit Salpetersäure
1954, 62 Seiten, 2 Abb., 1 Tabelle, DM 11,50

HEFT 89
Verein Deutscher Ingenieure, Gleitlagerforschung, Düsseldorf und Prof. Dr.-Ing. G. Vogelpohl, Göttingen
Versuche mit Preßstoff-Lagern für Walzwerke
1954, 70 Seiten, 34 Abb., DM 14,10

HEFT 90
Forschungs-Institut der Feuerfest-Industrie, Bonn
Das Verhalten von Silikasteinen im Siemens-Martin-Ofengewölbe
1954, 62 Seiten, 15 Abb., 11 Tabellen, DM 11,90

HEFT 91
Forschungs-Institut der Feuerfest-Industrie, Bonn
Untersuchungen des Zusammenhangs zwischen Leistung und Kohlenverbrauch von Kammeröfen zum Brennen von feuerfesten Materialien
1954, 42 Seiten, 6 Abb., DM 8,30

HEFT 92
Techn.-Wissenschaftl. Büro für die Bastfaserindustrie, Bielefeld und Laboratorium für textile Meßtechnik, M.-Gladbach
Messungen von Vorgängen am Webstuhl
1954, 76 Seiten, 45 Abb., DM 15,50

HEFT 93
Prof. Dr. W. Kast, Krefeld
Spinnversuche zur Strukturerfassung künstlicher Zellulosefasern
1954, 82 Seiten, 39 Abb., 6 Tabellen, DM 16,—

HEFT 94
Prof. Dr. G. Winter, Bonn
Die Heilpflanzen des MATTHIOLUS (1611) gegen Infektionen der Harnwege und Verunreinigung der Wunden bzw. zur Förderung der Wundheilung im Lichte der Antibiotikaforschung
1954, 58 Seiten, 1 Abb., 2 Tabellen, DM 11,50

HEFT 95
Prof. Dr. G. Winter, Bonn
Untersuchungen über die flüchtigen Antibiotika aus der Kapuziner- (Tropaeolum maius) und Gartenkresse (Lepidium sativum) und ihr Verhalten im menschlichen Körper bei Aufnahme von Kapuziner- bzw. Gartenkressensalat per os
1955, 74 Seiten, 9 Abb., 25 Tabellen, DM 14,—

HEFT 96
Dr.-Ing. P. Koch, Dortmund
Austritt von Exoelektronen aus Metalloberflächen unter Berücksichtigung der Verwendung des Effektes für die Materialprüfung
1954, 34 Seiten, 13 Abb., DM 7,—

HEFT 97
Ing. H. Stein, Laboratorium für textile Meßtechnik, M.-Gladbach
Untersuchung der Verzugsvorgänge an den Streckwerken verschiedener Spinnereimaschinen
2. Bericht: Ermittlung der Haft-Gleiteigenschaften von Faserbändern und Vorgarnen
1955, 98 Seiten, 54 Abb., DM 21,—

HEFT 98
Fachverband Gesenkschmieden, Hagen
Die Arbeitsgenauigkeit beim Gesenkschmieden unter Hämmern
1955, 132 Seiten, 55 Abb., 9 Tabellen, DM 24,75

HEFT 99
Prof. Dr.-Ing. G. Garbotz, Aachen
Der Kraft- und Arbeitsaufwand sowie die Leistungen beim Biegen von Bewehrungsstählen in Abhängigkeit von den Abmessungen, den Formen und der Güte der Stähle (Ermittlung von Leistungsrichtlinien)
1955, 136 Seiten, 53 Abb., 3 Anlagen, 18 Tabellen, DM 30,—

HEFT 100
Prof. Dr.-Ing. H. Opitz, Aachen
Untersuchungen an elektrischen Antrieben, Steuerungen und Regelungen an Werkzeugmaschinen
1955, 166 Seiten, 71 Abb., 3 Tabellen, DM 31,30

HEFT 101
Prof. Dr.-Ing. H. Opitz, Aachen
Wirtschaftlichkeitsbetrachtungen beim Außenrundschleifen
1955, 100 Seiten, 56 Abb., 3 Tabellen, DM 19,30

HEFT 102
Dr. P. Hölemann, Ing. R. Hasselmann und Ing. G. Dix, Dortmund
Untersuchungen über die thermische Zündung von explosiblen Acetylenzersetzungen in Kapillaren
1954, 44 Seiten, 5 Abb., 4 Tabellen, DM 8,60

HEFT 103
Prof. Dr. W. Weizel, Bonn
Durchführung von experimentellen Untersuchungen über den zeitlichen Ablauf von Funken in komprimierten Edelgasen sowie zu deren mathematischen Berechnung
1955, 46 Seiten, 12 Abb., DM 9,10

HEFT 104
Prof. Dr. W. Weizel, Bonn
Über den Einfluß der Elektroden auf die Eigenschaften von Cadmium-Sulfid-Widerstands-Photozellen
1955, 48 Seiten, 12 Abb., DM 9,45

HEFT 105
Dr.-Ing. R. Meldau, Harsewinkel/Westf.
Auswertung von Gekörn — Analysen des Musterstaubes „Flugasche Fortuna I"
1955, 42 Seiten, 14 Abb., DM 8,50

HEFT 106
ORR. Dr.-Ing. W. Küch, Dortmund
Untersuchungen über die Einwirkung von feuchtigkeitsgesättigter Luft auf die Festigkeit von Leimverbindungen
1954, 60 Seiten, 10 Abb., 6 Tabellen, DM 11,40

HEFT 107
Prof. Dr. H. Lange und Dipl.-Phys. P. St. Pütter, Köln
Über die Konstruktion von Laboratoriumsmagneten
1955, 66 Seiten, 19 Abb., 1 Tabelle, DM 12,30

HEFT 108
Prof. Dr. W. Fuchs, Aachen
Untersuchungen über neue Beizmethoden und Beizabwässer
I. Die Entzunderung von Drähten mit Natriumhydrid
II. Die Aufbereitung von Beizabwässern
1955, 82 S., 15 Abb., 14 Tabellen, 1 Falttafel, DM 15,25

HEFT 109
Dr. P. Hölemann und Ing. R. Hasselmann, Dortmund
Untersuchungen über die Löslichkeit von Azetylen in verschiedenen organischen Lösungsmitteln
1954, 42 Seiten, 10 Abb., 8 Tabellen, DM 8,30

HEFT 110
Dr. P. Hölemann und Ing. R. Hasselmann, Dortmund
Untersuchungen über den Druckverlauf bei der explosiblen Zersetzung von gasförmigem Azetylen
1955, 54 Seiten, 10 Abb., 5 Tabellen, DM 11,—

HEFT 111
Fachverband Steinzeugindustrie, Köln
Die Entwicklung eines Gerätes zur Beschickung seitlicher Feuer von Steinzeug-Einzelkammeröfen mit festen Brennstoffen
1955, 46 Seiten, 16 Abb., DM 9,40

HEFT 112
Prof. Dr.-Ing. H. Opitz, Aachen
Verschleißmessungen beim Drehen mit aktivierten Hartmetallwerkzeugen
1954, 44 Seiten, 17 Abb., 6 Tabellen, DM 8,80

HEFT 113
Prof. Dr. O. Graf, Dortmund
Erforschung der geistigen Ermüdung und nervösen Belastung: Studien über die vegetative 24-Stunden-Rhythmik in Ruhe und unter Belastung
1955, 40 Seiten, 12 Abb., DM 8,20

HEFT 114
Prof. Dr. O. Graf, Dortmund
Studien über Fließarbeitsprobleme an einer praxisnahen Experimentieranlage
1954, 34 Seiten, 6 Abb., DM 7,—

HEFT 115
Prof. Dr. O. Graf, Dortmund
Studium über Arbeitspausen in Betrieben bei freier und zeitgebundener Arbeit (Fließarbeit) und ihre Auswirkung auf die Leistungsfähigkeit
1955, 50 Seiten, 13 Abb., 2 Tabellen, DM 9,80

HEFT 116
Prof. Dr.-Ing. E. Siebel und Dr.-Ing. H. Weiss, Stuttgart
Untersuchungen an einigen Problemen des Tiefziehens — I. Teil
1955, 74 Seiten, 50 Abb., 5 Tabellen, DM 14,50

HEFT 117
Dr.-Ing. H. Beißwänger, Stuttgart, und Dr.-Ing. S. Schwandt, Trier
Untersuchungen an einigen Problemen des Tiefziehens — II. Teil
1955, 92 Seiten, 34 Abb., 8 Tabellen, DM 17,70

HEFT 118
Prof. Dr. E. A. Müller und Dr. H. G. Wenzel, Dortmund
Neuartige Klima-Anlage zur Erzeugung ungleicher Luft- und Strahlungstemperaturen in einem Versuchsraum
1955, 68 Seiten, 10 z. T. mehrfarb. Abb., DM 14,—

HEFT 119
Dr.-Ing. O. Viertel, Krefeld
Wäscherei- und energietechnische Untersuchung einer Gemeinschafts-Waschanlage
1955, 50 Seiten, 18 Abb., DM 10,20

HEFT 120
Dipl.-Ing. A. Weisbecker, Lüdenscheid
Über Anfressung an Reinstaluminium-Schweißnähten bei der elektrolytischen Oxydation
Gebr. Hörstermann GmbH., Velbert
Entwicklung und Erprobung eines neuartigen Gummibandförderers
1955, 46 Seiten, 18 Abb., DM 9,70

HEFT 121
Dr. H. Krebs, Bonn
I. Die Struktur und die Eigenschaften der Halbmetalle
II. Die Bestimmung der Atomverteilung in amorphen Substanzen
III. Die chemische Bindung in anorganischen Festkörpern und das Entstehen metallischer Eigenschaften
1955, 124 Seiten, 36 Abb., 13 Tabellen, DM 22,90

HEFT 122
Prof. Dr. W. Fuchs, Aachen
Untersuchungen zur Verbesserung der Wasseraufbereitung und Wasseranalyse:
Über die Schnellbewertung von Ionenaustauscher
1955, 62 Seiten, 32 Abb., DM 12,30

HEFT 123
Dipl.-Ing. J. Emondts, Aachen
Über Bodenverformungen bei stark gestörtem und mächtigem, wasserführendem Deckgebirge im Aachener Steinkohlengebiet
1955, 196 Seiten, 37 Abb., 10 Tabellen, DM 28,80

HEFT 124
Prof. Dr. R. Seyffert, Köln
Wege und Kosten der Distribution der Hausratwaren im Lande Nordrhein-Westfalen
1955, 74 Seiten, 25 Tabellen, DM 9,—

WESTDEUTSCHER VERLAG · KÖLN UND OPLADEN

HEFT 125
Prof. Dr. E. Kappler, Münster
Eine neue Methode zur Bestimmung von Kondensations-Koeffizienten von Wasser
1955, 46 Seiten, 11 Abb., 1 Tabelle, DM 9,10

HEFT 126
Prof. Dr.-Ing. J. Mathieu, Aachen
Arbeitszeitvergleich
Grundlagen, Methodik und praktische Durchführung
1955, 70 Seiten, DM 13,—

HEFT 127
Güteschutz Betonstein e. V., Arbeitskreis Nordrhein-Westfalen, Dortmund
Die Betonwaren-Gütesicherung im Lande Nordrhein-Westfalen
1955, 58 Seiten, 15 Abb., 3 Tabellen, DM 11,50

HEFT 128
Prof. Dr. O. Schmitz-DuMont, Bonn
Untersuchungen über Reaktionen in flüssigem Ammoniak
1955, 96 Seiten, 11 Abb., 6 Tabellen, DM 17,75

HEFT 129
Prof. Dr.-Ing. J. Mathieu und Dr. C. A. Roos, Aachen
Die Anlernung von Industriearbeitern
I. Ergebnisse einer grundsätzlichen Untersuchung der gegenwärtigen Industriearbeiter-Kurzanlernung
1955, 106 Seiten, DM 19,70

HEFT 130
Prof. Dr.-Ing. J. Mathieu und Dr. C. A. Roos, Aachen
Die Anlernung von Industriearbeitern
II. Beiträge zur Methodenfrage der Kurzanlernung
1955, 108 Seiten, DM 19,90

HEFT 131
Dr. W. Hoerburger, Köln
Versuche zur Biosynthese von Eiweiß aus Kohlenwasserstoff
1955, 34 Seiten, 2 Abb DM 6,90

HEFT 132
Prof. Dr. W. Seith, Münster
Über Diffusionserscheinungen in festen Metallen
1955, 42 Seiten, 19 Abb., 4 Tabellen, DM 9,10

HEFT 133
Prof. Dr. E. Jenckel, Aachen
Über einen für Schwermetalle selektiven Ionenaustauscher
1955, 48 Seiten, 8 Abb., 13 Tabellen, DM 9,50

HEFT 134
Prof. Dr.-Ing. H. Winterhager, Aachen
Über die elektrochemischen Grundlagen der Schmelzfluß-Elektrolyse von Bleisulfid in geschmolzenen Mischungen mit Bleichlorid
1955, 54 Seiten, 20 Abb., 5 Tabellen, DM 11,80

HEFT 135
Prof. Dr.-Ing. K. Krekeler und Dr.-Ing. H. Peukert, Aachen
Die Änderung der mechanischen Eigenschaften thermoplastischer Kunststoffe durch Warmrecken
1955, 54 Seiten, 27 Abb., DM 11,10

HEFT 136
Dipl.-Phys. P. Pilz, Remscheid
Über spezielle Probleme der Zerkleinerungstechnik von Weichstoffen
1955, 58 Seiten, 19 Abb., 2 Tabellen, DM 11,50

HEFT 137
Prof. Dr. W. Baumeister, Münster
Beiträge zur Mineralstoffernährung der Pflanzen
1955, 64 Seiten, 6 Tabellen, DM 11,80

HEFT 138
Dr. P. Hölemann und Ing. R. Hasselmann, Dortmund
Untersuchungen über die Zersetzungswärme von gasförmigem und in Azeton gelöstem Azetylen
1955, 54 Seiten, 8 Abb., 7 Tabellen, DM 10,40

HEFT 139
Prof. Dr. W. Fuchs, Aachen
Studien über die thermische Zersetzung der Kohle und die Kohlendestillatprodukte
1955, 64 Seiten, 20 Abb., 22 Tabellen, DM 11,80

HEFT 140
Dr.-Ing. G. Hausberg, Essen
Modellversuche an Zyklonen
1955, 78 Seiten, 24 Abb., DM 15,70

HEFT 141
Dr. J. van Calker und Dr. R. Wienecke, Münster
Untersuchungen über den Einfluß dritter Analysenpartner auf die spektrochemische Analyse
1955, 42 Seiten, 15 Abb., DM 9,10

HEFT 142
Dipl.-Ing. G. M. F. Wiebel, Hannover, A. Konermann und A. Ottenheym, Sennelager
Entwicklung eines Kalksandleichtsteines
1955, 38 Seiten, 4 Abb., DM 8,—

HEFT 143
Prof. Dr. F. Wever, Dr. A. Rose und Dipl.-Ing. W. Straßburg, Düsseldorf
Härtbarkeit und Umwandlungsverhalten der Stähle
1955, 50 Seiten, 12 Abb., 3 Tabellen, DM 10,70

HEFT 144
Prof. Dr. H. Wurmbach, Bonn
Steuerung von Wachstum und Formbildung
1955, 48 Seiten, 19 Abb., DM 10,30

HEFT 145
Dr. G. Hennemann, Werdohl (Westf.)
Beitrag zur Interpretation der modernen Atomphysik
1955, 34 Seiten, DM 10,—

HEFT 146
Dr.-Ing. F. Gruß, Düsseldorf
Sterilisation mit Heißluft
1955, 34 Seiten, 10 Abb., DM 7,70

HEFT 147
Dr.-Ing. W. Rudisch, Unna
Untersuchung einer drehelastischen Elektromagnet-Synchronkupplung
1955, 82 Seiten, 65 Abb., DM 17,70

HEFT 148
Prof. Dr. H. Bittel u. Dipl.-Phys. L. Storm, Münster
Untersuchungen über Widerstandsrauschen
1955, 40 Seiten, 5 Abb., DM 8,40

HEFT 149
Dipl.-Ing. K. Konopicky und Dipl.-Chem. P. Kampa, Bonn
I. Beitrag zur flammenphotometrischen Bestimmung des Calciums.
Dr.-Ing. K. Konopicky, Bonn
II. Die Wanderung von Schlackenbestandteilen in feuerfesten Baustoffen
1955, 54 Seiten, 10 Abb., 5 Tabellen, DM 11,—

HEFT 150
Prof. Dr.-Ing. O. Kienzle und Dipl.-Ing. W. Timmerbeil, Hannover
Das Durchziehen enger Kragen an ebenen Fein- und Mittelblechen
1955, 52 Seiten, 20 Abb., 8 Tabellen, DM 11,30

HEFT 151
Dipl.-Ing. P. Karabasch, Aachen
Feststellung des optimalen Gasgehaltes von Bronzen zur Erzielung druckdichter Gußstücke
1956, 64 Seiten, 31 Abb., 5 Tabellen, DM 13,90

HEFT 152
Dipl.-Ing. G. Müller, Köln
Ermittlung der Laufeigenschaften (Vergießbarkeit) von Bronze und Rotguß mittels der Schneider-Gießspirale
1955, 60 Seiten, 33 Abb., DM 13,30

HEFT 153
Prof. Dr. F. Wever, Dr.-Ing. W. A. Fischer und Dipl.-Ing. J. Engelbrecht, Düsseldorf
I. Die Reduktion sauerstoffhaltiger Eisenschmelzen im Hochvakuum mit Wasserstoff und Kohlenstoff
II. Einfluß geringer Sauerstoffgehalte auf das Gefüge und Alterungsverhalten von Reineisen
1955, 54 Seiten, 15 Abb., 2 Tabellen, DM 12,40

HEFT 154
Prof. Dr.-Ing. P. Bardenheuer und Dr.-Ing. W. A. Fischer, Düsseldorf
Die Verschlackung von Titan aus Stahlschmelzen im sauren und basischen Hochfrequenzofen unter verschiedenen Schlacken
1955, 36 Seiten, 10 Abb., 1 Tabelle, DM 7,95

HEFT 155
Dipl.-Phys. K. H. Schirmer, München
Die auf Grau abgestimmte Farbwiedergabe im Dreifarbenbuchdruck
1955, 46 Seiten, 17 Abb., 2 Farbtafeln, DM 10,—

HEFT 156
Prof. Dr.-Ing. B. von Borries und Mitarbeiter, Düsseldorf
Die Entwicklung regelbarer permanentmagnetischer Elektronenlinsen hoher Brechkraft und eines mit ihnen ausgerüsteten Elektronenmikroskopes neuer Bauart
1956, 102 Seiten, 52 Abb., DM 22,55

HEFT 157
Dr. W. Jawtusch, Dr. G. Schuster und Prof. Dr.-Ing. R. Jaeckel, Bonn
Untersuchungen über die Stoßvorgänge zwischen neutralen Atomen und Molekülen
1955, 48 Seiten, 15 Abb., 3 Tabellen, DM 10,50

HEFT 158
Dipl.-Ing. W. Rosenkranz, Meinerzhagen
Ein Beitrag zum Problem der Spannungskorrosion bei Preßprofilen und Preßteilen aus Aluminium-Legierungen
1956, 112 Seiten, 61 Abb., 5 Tabellen, DM 27,40

HEFT 159
Dr.-Ing. O. Viertel und O. Oldenroth, Krefeld
Das Bleichen von Weißwäsche mit Wasserstoffsuperoxyd bzw. Natriumhypochlorit beim maschinellen Waschen
1955, 54 Seiten, 23 Abb., 2 Tabellen, DM 11,45

HEFT 160
Prof. Dr. W. Klemm, Münster
Über neue Sauerstoff- und Fluor-haltige Komplexe
1955, 50 Seiten, 13 Abb., 7 Tabellen, DM 10,80

HEFT 161
Prof. Dr. W. Weltzien und Dr. G. Hauschild, Krefeld
Über Silikone und ihre Anwendung in der Textilveredlung
1955, 162 Seiten, 22 Abb., 10 Tabellen, DM 27,—

HEFT 162
Prof. Dr. F. Wever, Prof. Dr. A. Kochendörfer und Dr.-Ing. Chr. Rohrbach, Düsseldorf
Kennzeichnung der Sprödbruchneigung von Stählen durch Messung der Fließspannung, Reißspannung und Brucheinschnürung an dreiachsig beanspruchten Proben
1955, 58 Seiten, 26 Abb., DM 13,—

HEFT 163
Dipl.-Ing. W. Rohs und Text.-Ing. H. Griese, Bielefeld
Untersuchungsarbeiten zur Verbesserung des Leinenwebstuhls III
1955, 80 Seiten, 15 Abb., 18 Tabellen, DM 15,80

HEFT 164
Dr.-Ing. H. Schmachtenberg, Köln
Neuartige Prüfeinrichtungen für Kraftfahrzeuge
1955, 44 Seiten, 23 Abb., DM 9,60

HEFT 165
Dr.-Ing. W. Wilhelm, Aachen
Instationäre Gasströmung im Auspuffsystem eines Zweitaktmotors
1955, 62 Seiten, 31 Abb., 8 Tabellen, DM 13,60

HEFT 166
Prof. Dr. M. v. Stackelberg, Dr. H. Heindze, Dr. H. Hübschke und Dr. K. H. Frangen, Bonn
Kolloidchemische Untersuchungen
1955, 106 Seiten, 8 Abb., 13 Tabellen, DM 21,25

HEFT 167
Prof. Dr.-Ing. F. Schuster, Essen
I. Über die Heißkarburierung von Brenngasen mit Ölen und Teeren
II. Die Strahlungsvorgänge in brennstoffbeheizten Öfen bei verschiedenen Verbrennungsatmosphären
1955, 38 Seiten, 8 Abb., DM 8,30

HEFT 168
Prof. Dr.-Ing. F. Schuster, Essen
I. Luftvorwärmung an Gasfeuerungen
II. Heizwerthöhe von Brenngasen und Wirkungsgrad sowie Gasverbrauch bei der Gasverwendung
III. Sauerstoffangereicherte Luft und feuerungstechnische Kenngrößen von Brenngasen
1955, 60 Seiten, 18 Abb., DM 12,50

HEFT 169
Forschungsinstitut für Pigmente und Lacke, Stuttgart
Arbeiten über die Bestimmung des Gebrauchswertes von Lackfilmen durch physikalische Prüfungen
1955, 70 Seiten, 23 Abb., 4 Tabellen, DM 15,—

HEFT 170
Prof. Dr. F. Wever, Dr. A. Rose und Dipl.-Ing L. Rademacher, Düsseldorf
Anwendung der Umwandlungsschaubilder auf Fragen der Werkstoffauswahl beim Schweißen und Flammhärten
1955, 64 Seiten, 25 Abb., DM 13,70

HEFT 171
Wäschereiforschung Krefeld
Untersuchung der Wäscheentwässerung mit Hilfe von Zentrifugen und Pressen
1955, 42 Seiten, 16 Abb., 4 Tabellen, DM 9,70

HEFT 172
Dipl.-Ing. W. Rohs, Dr.-Ing. G. Satlow und Text.-Ing. G. Heller, Bielefeld
Trocknung von Hanfgarnen. Kreuzspultrocknung
1955, 60 Seiten, 7 Abb., 4 Tabellen, DM 10,30

HEFT 173
Prof. Dr. R. Hosemann und Dipl.-Phys. G. Schoknecht, Berlin, vorgelegt von Prof. Dr. W. Kast, Krefeld
Lichtoptische Herstellung und Diskussion der Faltungsquadrate parakristalliner Gitter
1956, 108 Seiten, 63 Abb., 6 Tabellen, DM 24,70

HEFT 174
Prof. Dr. W. von Fragstein, Dr. J. Meingast und H. Hoch, Köln
Herstellung von Solen einheitlicher Teilchengröße und Ermittlung ihrer optischen Eigenschaften
1955, 78 Seiten, 80 Abb., 4 Tabellen, DM 18,25

HEFT 175
Dr.-Ing. H. Zeller, Aachen
Beitrag zur eindimensionalen stationären und nichtstationären Gasströmung mit Reibung und Wärmeleitung, insbesondere in Rohren mit unstetigen Querschnittsänderungen.
1956, 138 Seiten, 56 Abb., DM 29,30

HEFT 176
Dipl.-Ing. H. Schöberl, Duisburg
Über die Methoden zur Ermittlung der Verbrennungstemperatur von Brennstoffen und ein Vorschlag zu ihrer Verbesserung
1955, 30 Seiten, 3 Abb., DM 6,50

HEFT 177
Dipl.-Ing. H. Stüdemann, Solingen, und Dr.-Ing. W. Müchler, Essen
Entwicklung eines Verfahrens zur zahlenmäßigen Bestimmung der Schneideigenschaften von Messerklingen
1956, 104 Seiten, 68 Abb., 4 Tabellen, DM 22,20

HEFT 178
Prof. Dr. M. von Stackelberg u. Dr. W. Hans, Bonn
Untersuchungen zur Ausarbeitung und Verbesserung von polarographischen Analysenmethoden
1955, 46 Seiten, 14 Abb., 4 Tabellen, DM 10,50

HEFT 179
Dipl.-Ing. H. F. Reineke, Bochum
Entwicklungsarbeiten auf dem Gebiete der Meß- und Regeltechnik
1955, 46 Seiten, 10 Abb., DM 10,—

HEFT 180
Dr.-Ing. W. Piepenburg, Dipl.-Ing. B. Bühling und Bauing. J. Behnke, Köln
Putzarbeiten im Hochbau und Versuche mit aktiviertem Mörtel und mechanischem Mörtelauftrag
1955, 116 Seiten, 31 Abb., 68 Tabellen, DM 23,—

HEFT 181
Prof. Dr. W. Franz, Münster
Theorie der elektrischen Leitvorgänge in Halbleitern und isolierenden Festkörpern bei hohen elektrischen Feldern
1955, 28 Seiten, 2 Abb., 1 Tabelle, DM 6,20

HEFT 182
Dr.-Ing. P. Schenk u. Dr. K. Osterloh, Düsseldorf
Katalytisch-thermische Spaltung von gasförmigen und flüssigen Kohlenwasserstoffen zur Spitzengaserzeugung
1955, 50 Seiten, 11 Abb., 11 Tabellen, DM 10,90

HEFT 183
Dr. W. Bornheim, Köln
Entwicklungsarbeiten an Flaschen- und Ampullen-Behandlungsmaschinen für die pharmazeutische Industrie
1956, 48 Seiten, 24 Abb., DM 11,70

HEFT 184
Dr.-Ing. E. Printz, Kettwig
Vollhydraulische Parallel-Kupplung für Ackerschlepper
1955, 32 Seiten, 4 Abb., DM 7,80

HEFT 185
Dipl.-Ing. W. Rohs und Text.-Ing. G. Heller, Bielefeld
Studien an einem neuzeitlichen Kreuzspultrockner für Bastfasergarne mit Wiederbefeuchtungszone
1955, 52 Seiten, 9 Abb., 3 Tabellen, DM 10,70

HEFT 186
Dr. E. Wedekind, Krefeld
Untersuchungen zur Arbeitsbestgestaltung bei der Fertigstellung von Oberhemden in gewerblichen Wäschereien
1955, 124 Seiten, 28 Abb., 6 Tabellen, 2 Falttaf., DM 12,—

HEFT 187
Dipl.-Ing. F. Göttgens, Essen
Über die Eigenarten der Bimetall-, Thermo- und Flammenionisationssicherungsmethode in ihrer Anwendung auf Zündsicherungen
1955, 40 Seiten, 6 Abb., 4 Tabellen, DM 8,40

HEFT 188
W. Kinnebrock, Langenberg (Rhld.)
Der Einfluß des Austausches gleicher Gaskochbrenner bzw. Gaskochbrennerteile auf den Wirkungsgrad und insbesondere auf den CO-Gehalt der Verbrennungsgase
1955, 42 Seiten, 7 Tabellen, DM 8,70

HEFT 189
Fa. E. Leybold's Nachfolger, Köln
I. Ausgewählte Kapitel aus der Vakuumtechnik
II. Zum Verlust anorganisch-nichtflüchtiger Substanzen während der Gefriertrocknung
1955, 52 Seiten, 16 Abb., 3 Tabellen, DM 11,20

HEFT 190
Prof. Dr. A. Neuhaus, Prof. Dr. O. Schmitz-DuMont und Dipl.-Chem. H. Reckhard, Bonn
Zur Kenntnis der Alkalititanate
1955, 60 Seiten, 13 Abb., 1 Tabelle, DM 12,20

HEFT 191
Dipl.-Ing. H. Söhngen, Darmstadt
Schwingungsverhalten eines Schaufelkranzes im Vakuum
1955, 36 Seiten, 7 Abb., DM 7,80

HEFT 192
Dipl.-Phys. E. M. Schneider, München
Kohlebogenlampen für Aufnahme und Kopie
1955, 48 Seiten, 21 Abb., 3 Tabellen, DM 10,60

HEFT 193
Prof. Dr. O. Schmitz-DuMont, Bonn
Untersuchungen über neue Pigmentfarbstoffe
1956, 50 Seiten, 16 Abb., 8 Tabellen, DM 11,20

HEFT 194
Dr. K. Hecht, Köln
Entwicklung neuartiger physikalischer Unterrichtsgeräte
1955, 42 Seiten, 16 Abb., DM 9,90

HEFT 195
Dr.-Ing. E. Rößger, Köln
Gedanken über einen neuen deutschen Luftverkehr
1955, 342 Seiten, 29 Abb., 122 Tabellen, DM 50,—

HEFT 196
Dipl.-Ing. W. Rohs und Text.-Ing. H. Griese, Bielefeld
Auswirkungen von Garnfehlern bei der Verarbeitung von Leinengarnen
1955, 36 Seiten, 3 Abb., 6 Tabellen, DM 7,80

HEFT 197
Dr. E. Wedekind, Krefeld
Untersuchungen zur Bestimmung der optimalen Arbeitsplatzgröße bei Mehrstuhlarbeit in der Weberei
1955, 92 Seiten, 34 Abb., DM 18,50

HEFT 198
Prof. Dr. J. Weissinger, Karlsruhe
Zur Aerodynamik des Ringflügels. Die Druckverteilung dünner, fast drehsymmetrischer Flügel in Unterschallströmung
1955, 42 Seiten, 5 Abb., DM 9,—

HEFT 199
Textilforschungsanstalt Krefeld
Die Messung von Gewebetemperaturen mittels Temperaturstrahlung
1955, 50 Seiten, 12 Abb., DM 10,90

HEFT 200
R. Seipenbusch, Langenberg (Rhld.)
Spitzengas durch Zusatz von Flüssiggas-Wassergas- und Flüssiggas-Generatorgas-Gemischen zu Stadtgas
1955, 48 Seiten, 21 Tabellen, DM 10,35

HEFT 201
Dr.-Ing. E. W. Pleines, Frankfurt/Main
Die Sicherheit im Luftverkehr
1956, 194 Seiten, 39 Abb., 19 Tabellen, DM 39,50

HEFT 202
Dipl.-Ing. D. Fiecke, Stuttgart/Zuffenhausen
Die Bestimmung der Flugzeugpolaren für Entwurfszwecke. I Teil: Unterlagen
1956, 216 Seiten, 171 Diagr., DM 59,70

HEFT 203
Dr. G. Wandel, Bonn
Uferbewachsung und Lebendverbauung an den Nordwestdeutschen Kanälen und ihren Zuflüssen sowie an der Ruhr
1956, 122 Seiten, 88 Abb., DM 25,70

HEFT 204
Dipl.-Ing. B. Naendorf, Langenberg (Rhld.)
Bestimmung der Brenneigenschaften und des Brennverhaltens verschiedener Gasarten und Einfluß verschiedener Düsengestaltung
1955, 32 Seiten, DM 7,10

HEFT 205
Dr. C. Schaarwächter, Düsseldorf
Über plastische Kupfer-Eisen-Phosphor-Legierungen
1936, 36 Seiten, 10 Abb., 10 Tabellen, DM 8,30

HEFT 206
Dr. P. Hölemann, Ing. R. Hasselmann und Ing. G. Dix, Dortmund
Untersuchungen über die Vorgänge bei der Zersetzung von in Azeton gelöstem Azetylen
1956, 74 Seiten, 7 Abb., 7 Tabellen, DM 15,55

HEFT 207
Prof. Dr.-Ing. H. Opitz, Dipl.-Ing. K. H. Fröhlich und Dipl.-Ing. H. Siebel, Aachen
Richtwerte für das Fräsen von unlegierten und legierten Baustählen mit Hartmetall. I. Teil
1956, 48 Seiten, 27 Abb., 3 Tabellen, DM 11,10

HEFT 208
Prof. Dr.-Ing. H. Müller, Essen
Untersuchung von Elektrowärmegeräten für Laienbedienung hinsichtlich Sicherheit und Gebrauchsfähigkeit. I. Untersuchungen an Kochplatten
1956, 100 Seiten, 76 Abb., 7 Tabellen, DM 22,70

HEFT 209
Dr. K. Bunge, Leverkusen
Materialabbau in Funkenentladungen. Untersuchungen an Zinkkathoden
1956, 54 Seiten, 10 Abb., 5 Tabellen, DM 11,40

HEFT 210
Dr. W. Porschen und Prof. Dr. W. Riezler, Bonn
Langlebige Alphaaktivitäten bei natürlichen Elementen
1955, 40 Seiten, 5 Abb., 4 Tabellen, DM 8,80

HEFT 211
Prof. Dipl.-Ing. W. Sturtzel und Dr.-Ing. W. Graff, Duisburg
Die Versuchsanstalt für Binnenschiffbau, Duisburg
1956, 48 Seiten, 22 Abb., 11,—

HEFT 212
Dipl.-Ing. H. Spodig, Selm
Untersuchung zur Anwendung der Dauermagnete in der Technik
1955, 44 Seiten, 25 Abb., DM 9,80

HEFT 213
Dipl.-Ing. K. F. Rittinghaus, Aachen
Zusammenstellung eines Meßwagens für Bau- und Raumakustik
1957, 96 Seiten 17 Abb., 7 Tabellen DM 19,80

HEFT 214
Dr.-Ing. J. Endres, München
Berechnung der optimalen Leistungen, Kraftstoffverbräuche und Wirkungsgrade von Einkreis-Turbolader-Strahltriebwerken am Boden und in der Höhe bei Fluggeschwindigkeiten von 0—2000 km/h
1956, 72 Seiten, 18 Abb., 8 Tabellen, DM 15,40

HEFT 215
Prof. Dr.-Ing. H. Opitz und Dr.-Ing. G. Weber, Aachen
Einfluß der Wärmebehandlung von Baustählen auf Spanentstehung, Schnittkraft- und Standzeitverhalten
1956, 80 Seiten, 30 Abb., 10 Tabellen, DM 18,40

HEFT 216
Dr. E. Kloth, Köln
Untersuchungen über die Ausbreitung kurzer Schallimpulse bei der Materialprüfung mit Ultraschall
1956, 90 Seiten, 60 Abb., 4 Tabellen, DM 19,40

HEFT 217
Rationalisierungskuratorium der Deutschen Wirtschaft (RKW), Frankfurt/Main
Typenvielzahl bei Haushaltgeräten und Möglichkeiten einer Beschränkung
1956, 328 Seiten, 2 Abb., 181 Tabellen, DM 49,50

HEFT 218
Dr. F. Keune, Aachen
Bericht über eine Theorie der Strömung um Rotationskörper ohne Anstellung bei Machzahl Eins
1955, 40 Seiten, 8 Abb., 5 Formelblätter, DM 8,80

HEFT 219
Prof. Dr. W. Fuchs, Aachen
Untersuchungen zur Holzabfallverwertung und zur Chemie des Lignins
1955, 54 Seiten, 11 Abb., 15 Tabellen DM 11,40

HEFT 220
Prof. Dr. W. Fuchs, Aachen
Die Entwicklung neuer Regel- und Kontroll-Apparate zur coulometrischen Analyse
1956, 76 Seiten, 17 Abb. 23 Tabellen, DM 15,50

HEFT 221
Dr. W. Meyer-Eppler, Bonn
Experimentelle Untersuchungen zum Mechanismus von Stimme und Gehör in der lautsprachlichen Kommunikation *1955, 56 Seiten, 24 Abb., DM 13,45*

HEFT 222
Dr. L. Köllner, Münster, und Dipl.-Volkswirt M. Kaiser, Bochum
Die internationale Wettbewerbsfähigkeit der westdeutschen Wollindustrie *1956, 214 Seiten, DM 39,50*

HEFT 223
Dr.-Ing. K. Alberti und Dr. F. Schwarz, Köln
Über das Problem Hartbrand-Weichbrand
1956, 54 Seiten, 25 Abb., 14 Tabellen, DM 12,10

HEFT 224
Dipl.-Ing. H. Stüdemann und Ing. R. Beu, Solingen
Verfahren zur Prüfung der Korrosionsbeständigkeit von Messerklingen aus rostfreiem Stahl
1956, 82 Seiten, 28 Abb., DM 16,90

HEFT 225
Dr.-Ing. E. Barz, Remscheid
Der Spannungszustand von Gattersägeblättern
1956, 74 Seiten, 54 Abb., DM 16,50

HEFT 226
Technisch-wissenschaftliches Büro für die Bastfaserindustrie, Bielefeld
Untersuchungen zur Verbesserung des Leinenwebstuhles IV
Die Wirkung verschiedener Kettbaumbremsen auf die Verwebung von Leinengarnen
1956, 64 Seiten, 9 Abb., 4 Tabellen, DM 13,50

HEFT 227
Prof. Dr. F. Wever, Düsseldorf und Dr. W. Wepner, Köln
Untersuchung der Alterungsneigung von weichen unlegierten Stählen durch Härteprüfung bei Temperaturen bis 300 Grad C
1956, 34 Seiten, 20 Abb., 3 Tabellen, DM 7,95

HEFT 228
Prof. Dr. F. Wever, Dr. W. Koch, Düsseldorf, und Dr. B. A. Steinkopf, Dortmund
Spektrochemische Grundlagen der Analyse von Gemischen aus Kohlenmonoxyd, Wasserstoff und Stickstoff *1956, 42 Seiten, 18 Abb., 1 Tabelle, DM 9,90*

HEFT 229
Prof. Dr. F. Wever, Dr. W. Koch und Dr.-Ing. H. Malissa, Düsseldorf
Über die Anwendung disubstituierter Dithiocarbamate der analytischen Chemie
1956, 44 Seiten, 30 Abb., 5 Tabellen, DM 10,50

HEFT 230
Prof. Dr. F. Wever, Düsseldorf, und Dr. W. Wepner, Köln
Bestimmung kleiner Kohlenstoffgehalte im Alpha-Eisen durch Dämpfungsmessung
1956, 34 Seiten, 5 Abb., 2 Tabellen, DM 7,70

HEFT 231
Dr.-Ing. W. Küch, Dortmund
Über die Wechselwirkung zwischen Holzschutzbehandlung und Verleimung
1956, 48 Seiten, 10 Abb., 8 Tabellen, DM 10,40

HEFT 232
Prof. Dr.-Ing. O. Kienzle, Hannover, und Dr.-Ing. H. Münnich, Schweinfurt
Feststellung der Spannungen und Dehnungen und Bruchdrehzahlen der unter Fliehkraft und Bearbeitungskraft beanspruchten Schleifkörper
in Vorbereitung

HEFT 233
Dr. H. Haase, Hamburg
Infrarot-Bibliographie *1956, 90 Seiten, DM 17,80*

HEFT 234
Dr.-Ing. K. G. Speith und Dr.-Ing. A. Bungeroth, Duisburg
Versuche zur Steigerung des Kokillen-Schluckvermögens beim Stranggießen von Stahl
1956, 26 Seiten, 5 Abb., DM 6,15

HEFT 235
Prof. Dr.-Ing. K. Leist und Dipl.-Ing. W. Dettmering, Aachen
Turbinenschaufeln aus Kunststoff für Kaltluftversuchsanlagen
1956, 46 Seiten, 43 Abb., 3 Tabellen, DM 12,30

HEFT 236
Dr.-Ing. O. Viertel und S. Lucas, Krefeld
Ergebnisse einer Hausfrauenbefragung über Wascheinrichtungen und Waschmethoden in städtischen Haushaltungen
1956, 34 Seiten, 4 Abb., DM 7,60

HEFT 237
Dr. P. Endler und Dr. H. Ludes, Köln
Bericht über eine Studienreise zur Orientierung der heutigen Behandlung der Lungentuberkulose in den Vereinigten Staaten von Nordamerika
1956, 32 Seiten, DM 7,10

HEFT 238
Institut für textile Meßtechnik, M.-Gladbach, e. V.
Untersuchungen der Verzugsvorgänge an den Streckwerken verschiedener Spinnereimaschinen. 3. Bericht: Theoretische Betrachtungen über den Einfluß schlagender Zylinder und Druckrollen
1956, 66 Seiten, 21 Abb., DM 14,10

HEFT 239
Prof. Dr.-Ing. K. Leist, Dipl.-Ing. H. Scheele, Aachen, und Dipl.-Ing. F. H. Flottmann, Herne
Versuche an einem neuartigen luftgekühlten Hochleistungs-Kolbenkompressor
1956, 72 Seiten, 19 Abb., 7 Tabellen, DM 14,40

HEFT 240
Prof. Dr.-Ing. K. Leist und Dipl.-Ing. H. Scheele, Aachen
Temperaturmessungen an einem einstufigen luftgekühlten 4-Zylinder-Kolbenkompressor mit Kühlgebläse *1956, 74 Seiten, 36 Abb., DM 14,80*

HEFT 241
Prof. Dr.-Ing. K. Leist und Dipl.-Ing. M. Pötke, Aachen
Leistungsversuche an einem Kühlluftgebläse
1956, 60 Seiten, 13 Abb., DM 11,70

HEFT 242
Prof. Dr.-Ing. K. Leist und Dipl.-Ing. K. Graf, Aachen
Straßenfahrzeuge mit Gasturbinenantrieb
1956, 82 Seiten, 63 Abb., DM 17,20

HEFT 243
Prof. Dr.-Ing. K. Leist und Dipl.-Ing. S. Förster, Aachen
Die französische Kleingasturbine Artouste — 1. Teil
1956, 80 Seiten, 41 Abb., DM 15,85

HEFT 244
Prof. Dr. F. Wever, Dr. W. Koch und Dr. S. Eckhard, Düsseldorf
Erfahrungen mit der spektrochemischen Analyse von Gefügebestandteilen des Stahles
1956, 32 Seiten, 8 Abb., 2 Tabellen, DM 7,80

HEFT 245
Prof. Dr.-Ing. habil. K. Krekeler, Aachen
Das Verbinden von Metallen durch Kunstharzkleber. Teil I: Eigenschaften und Verwendung der Metallklebstoffe *1956, 48 Seiten, 8 Abb., DM 10,25*

HEFT 246
Prof. Dr.-Ing. habil. K. Krekeler, Aachen
Das Verbinden von Metallen durch Kunstharzkleber. Teil II: Untersuchungen an geklebten Leichtmetall-Verbindungen *1956, 80 Seiten, 40 Abb., DM 17,50*

HEFT 247
Dr. H. Söhngen, Darmstadt
Strömung vor einem Überschall-Laufrad
1956, 26 Seiten, 4 Abb., DM 7,60

HEFT 248
Rheinische Aktiengesellschaft für Braunkohlenbergbau und Brikettfabrikation, Köln
Untersuchung der Bindemitteleigenschaften von Braunkohlenfilteraschen
1956, 176 Seiten, 26 Abb., 30 Tabellen, DM 35,60

HEFT 249
Dr. M.-E. Meffert, Essen
Weitere Kulturversuche Scenedesmus obliquus
1956, 36 Seiten, 5 Abb., 10 Tabellen, DM 8,—

HEFT 250
Dr. F. Schwarz und Dr.-Ing. K. Alberti, Köln
Entwicklung von Untersuchungsverfahren zur Gütebeurteilung von Industriekalken
1956, 36 Seiten, 9 Abb., DM 16,50

HEFT 251
Prof. Dr. H. Bittel, Münster
Zur Statistik der ferromagnetischen Elementarvorgänge und ihren Einfluß auf das Barkhausenrauschen
1956, 52 Seiten, 14 Abb., DM 11,65

HEFT 252
Dipl.-Ing. H. Frings, Geilenkirchen
Die Wirkung abfallender Wetterführung auf Wettertemperatur, Grubengasgehalt und Staubbildung
1957, 126 Seiten, 23 Abb., 13 Falttafeln, 38 Tab., DM 35,70

HEFT 253
Dipl.-Ing. S. Schirmanski, Berghausen
Stand und Auswertung der Forschungsarbeiten über Temperatur- und Feuchtigkeitsgrenzen bei der bergmännischen Arbeit
1957, 80 Seiten, 24 Abb., 12 Tab., DM 17,10

HEFT 254
Prof. Dr. R. Danneel, Bonn
Quantitative Untersuchungen über die Entwicklung des Ehrlich-Ascitestumors bei Inzuchtmäusen
1956, 52 Seiten, 17 Tabellen, DM 11,75

HEFT 255
Ing. B. v. Schlippe, Bad Nauheim
Strömung von Flüssigkeiten mit temperaturabhängiger Zähigkeit (Kühlung von Öfen)
1956, 54 Seiten, 12 Abb., 4 Tabellen, DM 11,70

HEFT 256
Prof. Dr. C. Schmieden und Dipl.-Math. K. H. Müller, Darmstadt
Die Strömung einer Quellstrecke im Halbraum — eine strenge Lösung der Navier-Stokes-Gleichungen
1956, 40 Seiten, 9 Abb., DM 8,80

HEFT 257
Prof. Dr. G. Lehmann und Dr. J. Tamm, Dortmund
Die Beeinflussung vegetativer Funktionen des Menschen durch Geräusche
1956, 48 Seiten, 25 Abb., 3 Tabellen, DM 11,20

HEFT 258
Dr. H. Paul, Linz (Rhein), und Prof. Dr. O. Graf, Dortmund
Zur Frage der Unfälle im Bergbau
1956, 52 Seiten, 9 Abb., 22 Tabellen, DM 11,20

HEFT 259
Prof. D. W. Linke, Aachen
Strömungsvorgänge in künstlich belüfteten Räumen
1956, 52 Seiten, 37 Abb., 1 Tabelle, DM 11,80

HEFT 260
Prof. Dr. W. Kast, Freiburg (Br.), Prof. Dr. A. H. Stuart und Dipl.-Phys. H. G. Fendler, Hannover
Lichtzerstreuungsmessungen an Lösungen hochpolymerer Stoffe
1956, 70 Seiten, 25 Abb., 5 Tabellen, DM 15,60

HEFT 261
Prof. Dr. W. Kast, Freiburg (Br.)
Feinstruktur-Untersuchungen an künstlichen Zellulosefasern verschiedener Herstellungsverfahren.
Teil II: Der Kristallisationszustand
1956, 80 Seiten, 27 Abb., 11 Tabellen, DM 17,20

HEFT 262
Dr.-Ing. W. Batel, Aachen
Untersuchungen zur Absiebung feuchter, feinkörniger Haufwerke und Schwingsieben
1956, 100 Seiten, 45 Abb., 5 Tabellen, DM 23,40

HEFT 263
Prof. Dr. H. Lange und Dipl.-Phys. R. Kohlhaas, Köln
Über die Wärmeleitfähigkeit von Stählen bei hohen Temperaturen: Teil I: Literaturbericht
1956, 48 Seiten, 26 Abb., 8 Tabellen, DM 10,70

HEFT 264
Prof. Dr. W. Weizel, Bonn
Durch schnelle Funkenzusammenbrüche ausgelöste Signale auf einer Leitung
1956, 26 Seiten, 4 Abb., 3 Tabellen, DM 6,10

HEFT 265
Prof. Dr. F. Micheel und Dr. R. Engel, Münster
Eine Apparatur zur elektrophoretischen Trennung von Stoffgemischen
1956, 38 Seiten, 21 Abb., DM 9,20

HEFT 266
Fliesen-Beratungsstelle Bad Godesberg-Mehlem
Güteeigenschaften keramischer Wand- und Bodenfliesen und deren Prüfmethoden
1956, 32 Seiten, DM 7,10

HEFT 267
Prof. Dr. W. Weizel und B. Brandt, Bonn
Zur Stabilität stromstarker Glimmentladungen
1956, 36 Seiten, 7 Abb., DM 8,40

WESTDEUTSCHER VERLAG · KÖLN UND OPLADEN

HEFT 268
Prof. Dr.-Ing. G. Vogelpohl, Göttingen
Über die Tragfähigkeit von Gleitlagern und ihre Berechnung
1956, 76 Seiten, 24 Abb., 7 Tabellen, DM 16,85

HEFT 269
Markscheider R. Bals, Bochum
Eignung des Gebirgsankerausbaus zur Erleichterung des Streckenvortriebs im Steinkohlenbergbau
1956, 84 Seiten, 41 Abb., DM 18,75

HEFT 270
Dr. H. Krebs und Mitarbeiter, Bonn
Die Trennung von Racematen auf chromatographischem Wege
1956, 62 Seiten, 18 Tabellen, DM 12,95

HEFT 271
Prof. Dr.-Ing. H. Opitz und Dipl.-Ing. H. Axer, Aachen
Beeinflussung des Verschleißverhaltens bei spanenden Werkzeugen durch flüssige und gasförmige Kühlmittel und elektrische Maßnahmen
1956, 46 Seiten, 28 Abb., DM 10,70

HEFT 272
Prof. Dr. W. Fuchs und Dr. H. Dresia, Aachen
Untersuchungen über die Schnellverbrennung und Schnellvergasung fester Brennstoffe
1956, 56 Seiten, 14 Abb., 3 Tabellen, DM 11,90

HEFT 273
Fa. K. W. Tacke G.m.b.H., Wuppertal-Barmen
Erfahrungen beim Verspinnen von Perlonfasern und bei der Herstellung von Trikotagen aus gesponnenem Perlon
1956, 36 Seiten, DM 7,90

HEFT 274
Prof. Dr.-Ing. K. Krekeler, Aachen
Qualitative Untersuchungen bei Verbindungsschweißungen mittels Lichtbogenschweißautomaten unter Verwendung von Blankdraht und Zugabe von ferromagnetischem Pulver als Umhüllung
1956, 68 Seiten, 40 Abb., 8 Tabellen, DM 15,45

HEFT 275
Prof. Dr.-Ing. habil. K. Krekeler, Aachen, und Dipl.-Ing. H. Verboeven, Aachen
Quantitative Untersuchungen von Punktschweißverbindungen an Tiefzieh- und Aluminiumblechen, die nach dem Argonarc-Punktschweißverfahren hergestellt werden
1956, 64 Seiten, 45 Abb., DM 14,60

HEFT 276
Fa. E. Haage, Mülheim (Ruhr)
Entwicklungsarbeiten im Apparatebau für Laboratorien
1956, 48 Seiten, 18 Abb., DM 10,50

HEFT 277
Dr.-Ing. W. Müchler, Essen
Untersuchung und zahlenmäßige Bestimmung der Schneideigenschaften von Messern mit besonderer Berücksichtigung rostfreier Messerstähle
1956, 60 Seiten, 27 Abb., 5 Tabellen, DM 13,20

HEFT 278
Dipl.-Ing. J. Stelter und Dipl.-Ing. H. Kickert, Aachen
I. Sichtbarmachung von Ultraschallfeldern unter Verwendung photographischer Emulsionsschichten
II. Methode zur Bestimmung der wirklichen Temperaturverhältnisse in Flüssigkeiten während der Beschallung (Nach einer Diplom-Arbeit von H. Schnitzler)
1956, 54 Seiten, 24 Abb., DM 12,75

HEFT 279
Dr. F. Keune, Aachen
Der gewölbte und verwundene Tragflügel ohne Dicke in Schallnähe
1956, 42 Seiten, 15 Abb., DM 9,25

HEFT 280
Dipl.-Ing. J. Stelter und Dipl.-Ing. E. Pfende, Aachen
Über Störerscheinungen bei Schallgeschwindigkeitsmessungen mittels der Interferometermethode
1956, 42 Seiten, 13 Abb., DM 9,60

HEFT 281
Prof. Dr.-Ing. K. Lürenbaum, Aachen
Der Meßwagen des Instituts für Maschinen-Dynamik der Deutschen Versuchsanstalt für Luftfahrt, Aachen
1956, 34 Seiten, 17 Abb., DM 8,60

HEFT 282
Bergrat a. D. Scherer, Bochum
Das B. T.-Schwelverfahren und seine Anwendung auf der Anlage Marienau
1956, 44 Seiten, 7 Abb., DM 9,60

HEFT 283
Prof. Dr. F. Wever und Dr.-Ing. W. Lueg, Düsseldorf
Warmstauchversuche zur Ermittlung der Formänderungsfestigkeit von Gesenkschmiede-Stählen
1956, 44 Seiten, 19 Abb., DM 9,90

Heft 284
Prof. Dr. F. Wever, Düsseldorf, Dr.-Ing. H. J. Wiester, Essen, Dr.-Ing. F. W. Straßburg, Duisburg, Prof. Dr.-Ing. H. Opitz, Aachen, und Dr.-Ing. K. H. Fröhlich, Köln
Einfluß des Gefüges auf die Zerspanbarkeit von Einsatz- und Vergütungsstählen
1957, 88 Seiten, 126 Abb., 11 Tab., DM 22,45

HEFT 285
Prof. Dr.-Ing. O. Kienzle, Dr.-Ing. K. Lange, Hannover, und Dipl.-Ing. H. Meinert, Osterode
Einfluß der Oberfläche auf das Verschleißverhalten von Schmiedegesenken
1956, 62 Seiten, 29 Abb., 8 Tabellen, DM 14,60

HEFT 286
Dr.-Ing. K. Lange, Hannover, Dipl.-Ing. H. Meinert, Osterode, unter Mitarbeit von Dr.-Ing. H. Arend, Mülheim (Ruhr)
Verschleißverhalten hartverchromter Schmiedegesenke
1956, 74 Seiten, 53 Abb., 6 Tabellen, DM 17,65

HEFT 287
Prof. Dr.-Ing. habil. K. Krekeler, Aachen
Änderungen der mechanischen Eigenschaftswerte thermoplastischer Kunststoffe bei Beanspruchung in verschiedenen Medien
1956, 62 Seiten, 23 Abb., 5 Tabellen, DM 13,70

HEFT 288
Dr. K. Brücker-Steinkuhl, Düsseldorf
Anwendung mathematisch-statischer Verfahren in der Industrie
1956, 103 Seiten, 27 Abb., 14 Tabellen, DM 24,20

HEFT 289
Prof. Dr.-Ing. H. Winterhager, Aachen
Kombinierter Widerstands- und Lichtbogen-Vakuumofen zur Verarbeitung von Titanschwamm
Prof. Dr. Dr. h. c. R. Schwarz, Aachen
Erforschung neuer Wege zur Darstellung von Titanmetall
1957, 42 Seiten, 18 Abb., DM 9,70

HEFT 290
Dr. D. Horstmann, Düsseldorf
I. Der verstärkte Angriff des Zinks auf Eisen im Temperaturgebiet um 500° C
II. Einfluß eines Antimongehaltes auf den Angriff von Zinkschmelzen auf Eisen
1956, 48 Seiten, 33 Abb., 3 Tabellen, DM 11,90

HEFT 291
Dr.-Ing. H. J. Wiester und Dr. D. Horstmann, Düsseldorf
Der Angriffeisengesättigter Zinkschmelzen auf silizium- und manganhaltiges Eisen
1956, 52 Seiten, 45 Abb., 8 Tabellen, DM 12,60

HEFT 292
Dipl.-Ing. W. Rohs und Text.-Ing. H. Griese, Bielefeld
Webversuche an Leinenwebstühlen mit verbesserter Schaftbewegung
1956, 34 Seiten, 3 Abb., 2 Tabellen, DM 7,60

HEFT 293
Prof. J. W. Korte, unter Mitarbeit von Dipl.-Ing. P. A. Mäcke und Dipl.-Ing. W. Leutzbach, Aachen
Die Leistungsfähigkeit von Verkehrsanlagen des motorisierten städtischen Straßenverkehrs
1956, 98 Seiten, 35 Abb., 5 Tabellen, 1 Falttafel, DM 22,50

HEFT 294
Dipl.-Ing. B. Naendorf, Essen
Untersuchungen industrieller Gasbrenner
1956, 58 Seiten, 6 Abb., 3 Tabellen, DM 12,40

HEFT 295
Prof. Dr.-Ing. H. Opitz und Dipl.-Ing. H. Axer, Aachen
Untersuchung und Weiterentwicklung neuartiger elektrischer Bearbeitungsverfahren
1956, 42 Seiten, 27 Abb., DM 10,30

HEFT 296
Prof. Dr.-Ing. H. Opitz, Aachen
I. Untersuchungen an elektronischen Regelantrieben
II. Statische Untersuchungen zur Ausnutzung von Drehbänken
1956, 46 Seiten, 18 Abb., DM 10,40

HEFT 297
Dr. K. Schaarwächter, Düsseldorf
Die Reduktion von Siliziumtetrachlorid im Lichtbogen zur nachfolgenden Silizierung von Eisenblechen
in Vorbereitung

HEFT 298
Prof. Dr.-Ing. E. Oehler, Aachen
Untersuchung von kritischen Drehzahlen, die durch Kreiselmomente verursacht werden
1956, 50 Seiten, 35 Abb., DM 13,15

HEFT 299
Dr. J. Fassbender und W. Hoppe, Bonn
Eine photoelektrische Nachlaufeinrichtung für Analogie-Rechenmaschinen
1956, 20 Seiten, 8 Abb., DM 7,65

HEFT 300
Prof. Dr. E. Schütz und Privatdozent Dr. H. Caspers, Münster
Tierexperimentelle Untersuchungen über die Alkoholwirkungen auf Erregbarkeit und bioelektrische Spontanaktivität der Hirnrinde
1956, 44 Seiten, 6 Abb., 1 Tabelle, DM 9,55

HEFT 301
Prof. Dr. W. Weltzien, Dr. G. Cossmann und P. Diehl, Krefeld
Über die fraktionierte Fällung von Polyamiden (II)
1956, 54 Seiten, 1 Abb., 16 Tabellen, DM 11,30

HEFT 302
Prof. Dr.-Ing. W. Wegener und Dipl.-Ing. W. Zahn, Aachen
Untersuchungen von gesponnenen Garnen auf ihre Gleichmäßigkeit nach verschiedenen Meßmethoden
1957, 58 Seiten, 34 Abb., DM 15,20

HEFT 303
Prof. Dr. Ing. S. Kiesskalt, Aachen
Das Institut für die Forschungsgesellschaft Verfahrenstechnik e. V. an der Technischen Hochschule Aachen
1956, 76 Seiten, 20 Abb., 3 Tabellen, DM 16,40

HEFT 304
Prof. Dr.-Ing. K. Krekeler, Düsseldorf, und Dipl.-Ing. A. Kleine-Albers, Aachen
Beitrag zur thermoelastischen Warmformbarkeit von Hart-PVC
1957, 72 Seiten, 29 Abb., DM 17,70

HEFT 305
Prof. Dr.-Ing. K. Krekeler, Düsseldorf, Dr.-Ing. H. Peukert, Aachen, und Dipl.-Ing. W. Schmitz, Siegburg
Heißgas-Schweißung von Hart-Polyvinylchlorid mit Zusatzwerkstoff
1956, 44 Seiten, 27 Abb., 5 Tabellen, DM 12,50

HEFT 306
Prof. Dr. B. Rensch, Münster
Elektrophysiologische Untersuchungen zur Analysierung der Bildung von Assoziationen und Gedächtnisspuren in Gehirn und Rückenmark
Prof. Dr. A. Loeser, Münster
Akute und chronische Giftwirkungen sauerstoffhaltiger Lösungsmittel
1956, 36 Seiten, 9 Abb., DM 8,90

HEFT 307
Privatdozent Dr. J. Juilfs, Krefeld
Vergleichende Untersuchungen zur elastischen und bleibenden Dehnung von Fasern
1956, 36 Seiten, 11 Abb., DM 8,30

HEFT 308
Privatdozent Dr. J. Juilfs, Krefeld
Zur Messung der Fadenglätte
1956, 22 Seiten, 10 Abb., 2 Tabellen, DM 8,—

HEFT 309
Prof. Dr. K. Cruse und Mitarbeiter, Clausthal-Zellerfeld
Aufbau und Arbeitsweise eines universell verwendbaren Hochfrequenz-Titrationsgerätes
1957, 48 Seiten, 29 Abb., DM 11,90

HEFT 310
Dr. P. F. Müller, Bonn
Die Integrieranlage des Rheinisch-Westfälischen Instituts für Instrumentelle Mathematik in Bonn
1956, 62 Seiten, 6 Abb., 30 Satzskizzen, DM 14,45

HEFT 311
Prof. Dr. F. Wever und Dr. M. Hempel, Düsseldorf
Dauerschwingfestigkeit von Stählen bei erhöhten Temperaturen
Teil I: Erkenntnisse aus bisherigen Dauerschwingversuchen in der Wärme
1956, 48 Seiten, 19 Abb., 2 Tabellen, DM 10,90

HEFT 312
Prof. Dr. F. Wever und Dr. M. Hempel, Düsseldorf
Dauerschwingfestigkeit von Stählen bei erhöhten Temperaturen
Teil II: Zug-Druck-Dauerschwingversuche an zwei warmfesten Stählen bei Temperaturen von 500 bis 650°
1956, 48 Seiten, 20 Abb., 3 Tabellen, DM 13,—

WESTDEUTSCHER VERLAG · KÖLN UND OPLADEN

HEFT 313
*Prof. Dr. F. Wever, Dr. W. Koch und
Dipl.-Phys. H. Rohde, Düsseldorf*
Änderungen des Habitus und der Gitterkonstanten des
Zementits in Chromstählen bei verschiedenen Wärmebehandlungen
1956, 88 Seiten, 29 Abb., 8 Tabellen, DM 20,90

HEFT 314
*Prof. Dr. F. Wever, Dr.-Ing. A. Krisch, Düsseldorf,
und Dr.-Ing. H.-J. Wiester, Essen*
Veränderungen im Gefügeaufbau von Chrom-Nickel-Molybdän-Stählen bei langzeitiger Beanspruchung im Zeitstandversuch bei 500°
1956, 48 Seiten, 26 Abb., 5 Tabellen, DM 11,70

HEFT 315
Prof. Dr. F. Wever und Dr.-Ing. A. Krisch, Düsseldorf
Metallkundliche Untersuchungen an Zeitstandproben
1956, 38 Seiten, 12 Abb., DM 9,15

HEFT 316
Dr. F. Keune, Aachen
Zusammenfassende Darstellung und Erweiterung des Aequivalenzsatzes für schallnahe Strömung
1956, 80 Seiten, 22 Abb., DM 17,90

HEFT 317
Dr.-Ing. J. Stelter, Aachen
Mikrobiologische Ultraschallwirkungen
1957, 106 Seiten, 41 Abb., 12 Tab., DM 23,90

HEFT 318
Dipl.-Ing. H. Kickert, Aachen
Über die Ausbreitung von Ultraschall in Luft
1957, 78 Seiten, 51 Abb., 7 Tab., DM 19,20

HEFT 319
Prof. Dr. C. Kröger, Aachen
Gemengereaktionen und Glasschmelze
1957, 118 Seiten, 53 Abb., 16 Tab., DM 26,—

HEFT 320
Dr. H.-E. Caspary, Köln
Verwendung von Szintillationszählern an Stelle von Zählrohren zur zerstörungsfreien Materialprüfung
1956, 42 Seiten, 13 Abb., 2 Tabellen, DM 10,10

HEFT 321
*Prof. Dr. F. Wever, Düsseldorf, und
Dr. W. Wepner, Köln*
Gleichzeitige Bestimmung kleiner Kohlenstoff- und Stickstoffgehalte im α-Eisen durch Dämpfungsmessung
1956, 30 Seiten, 3 Abb., 4 Tabellen, DM 6,80

HEFT 322
*Prof. Dr.-Ing. F. Bollenrath und
Dipl.-Ing. W. Domke, Aachen*
Eigenspannungen in vergüteten, dickwandigen Stahlzylindern nach Oberflächenhärtung mit induktiver Erwärmung
1956, 30 Seiten, 9 Abb., 2 Tabellen, DM 6,90

HEFT 323
Prof. Dr. R. Seyffert, Köln
Wege und Kosten der Distribution der Textilien, Schuh- und Lederwaren
1956, 98 Seiten, 37 Tabellen, 1 Falttaf., DM 12,—

HEFT 324
*Prof. Dr.-Ing. H. Opitz, Dr.-Ing. E. Saljé und
Dipl.-Ing. K. E. Schwartz, Aachen*
Richtwerte für das Außenrund-Längs- und Einstechschleifen
1956, 62 Seiten, 44 Abb., 2 Tabellen, DM 13,85

HEFT 325
Prof. Dr. E. Schratz, Münster
Pharmakognostische Untersuchungen am Medizinal-Rhabarber
1957, 62 Seiten, 29 Abb., 3 Tabellen, DM 17,90

HEFT 326
Prof. Dr.-Ing. E. Essers und Mitarbeiter, Aachen
Deichselkräfte an Lastzügen
1957, 96 Seiten, 34 Abb., DM 22,10

HEFT 327
*Prof. Dr.-Ing. habil. K. Krekeler und
Dr.-Ing. H. Peukert, Aachen*
Beitrag zur thermoelastischen Formbarkeit von Polyäthylen
1956, 56 Seiten, 49 Abb., 9 Tabellen, DM 12,80

HEFT 328
Dr. H. Maeder, Belo Horizonte
Schweißen von Temperguß
1957, 92 Seiten, 59 Abb., 42 Tabellen, DM 25,50

HEFT 329
*Dipl.-Ing. A. Krüger, Karlsruhe, und Feuerwehr-Ing.
R. Radusch, Dortmund*
Wasserzerstäubung im Strahlrohr
1956, 86 Seiten, 21 Abb., 3 Tabellen, DM 18,65

HEFT 330
Dipl.-Physiker E. Pepping, Aachen
Die Durchflußzahl des Rechteckschlitzes in einer sehr großen Wand
1957, 54 Seiten, 21 Abb., DM 12,35

HEFT 331
Dipl.-Ing. G. Bretschneider, Ruit
Die Messung der wiederkehrenden Spannung mit Hilfe des Netzmodelles
1957, 46 Seiten, 21 Abb., 2 Tab., DM 11,20

HEFT 332
Prof. Dr.-Ing. R. Jaeckel und Dr. G. Reich, Bonn
Messung von Dampfdrucken im Gebiet unter 10^{-2} Torr
1956, 42 Seiten, 16 Abb., 2 Tabellen, DM 10,40

HEFT 333
*Prof. Dipl.-Ing. W. Sturtzel und
Dr.-Ing. W. Graff, Duisburg*
I. Der Flachwassereinfluß auf den Form- und Reibungswiderstand von Binnenschiffen
II. Der Flachwassereinfluß auf die Nachstrom- und Sogverhältnisse bei Binnenschiffen
1956, 44 Seiten, 14 Abb., DM 9,80

HEFT 334
Prof. Dr. W. Weizel und Dr. G. Meister, Bonn
Spektralanalyse durch Messung des Interferenz-Kontrastes
1956, 42 Seiten, DM 9,80

HEFT 335
Prof. Dr. W. Weizel und H. Hornberg, Bonn
Untersuchungen der anodischen Teile einer Glimmentladung
1957, 62 Seiten, 14 Farbabb., 21 Abb., 1 Tab., DM 32,80

HEFT 336
Dr. Tung-ping Yao, Aachen
Die Viskosität metallischer Schmelzen
1957, 64 Seiten, 28 Abb., 2 Tab., DM 14,40

HEFT 337
Dr. R. Hoeppener und Dr. W. Bierther, Bonn
Tektonik und Lagerstätten im Rheinischen Schiefergebirge
1957, 66 Seiten, 14 Abb., DM 16,25

HEFT 338
*Prof. Dr.-Ing. W. Wegener, Aachen, und
Dipl.-Ing. J. Schneider, M.-Gladbach*
Die Bedeutung der Knotenart für die Herabminderung der Fadenbrüche
1957, 40 Seiten, 6 Abb., DM 11,90

HEFT 339
*Prof. Dr.-Ing. W. Wegener und
Dipl.-Ing. W. Zahn, Aachen*
Vergleich des normalen mit verschiedenen abgekürzten Baumwollspinnverfahren in bezug auf Gleichmäßigkeit und Sortierungsstreuung der Garne
1956, 56 Seiten, 17 Abb., 17 Tabellen, DM 12,70

HEFT 340
Dipl.-Ing. W. Rohs und Dipl.-Ing. R. Otto, Bielefeld
Das Naßspinnen von Bastfasergarnen mit Spinnbadzusätzen unter Ausnutzung einer zentralen Spinnwasserversorgungsanlage
1956, 56 Seiten, 2 Abb., 6 Tabellen, DM 11,60

HEFT 341
Prof. Dr.-Ing. H. Winterhager und Dipl.-Ing. L. Werner, Aachen
Präzisions-Meßverfahren zur Bestimmung des elektrischen Leitvermögens geschmolzener Salze
1956, 44 Seiten, 19 Abb., 1 Tabelle, DM 10,60

HEFT 342
Prof. Dr.-Ing. H. Winterhager und Dipl.-Ing. W. Barthel, Aachen
Die Gewinnung von Titanschlackenkonzentraten aus eisenreichen Ilmeniten
1957, 60 Seiten, 30 Abb., 6 Tab., DM 13,30

HEFT 343
*Prof. Dr.-Ing. W. Petersen, Aachen, und Dipl.-Ing.
S. Wawroschek, Aachen*
Die zweckmäßigsten Gütebestimmungsverfahren und Brikettierungsbedingungen bei der Erzeugung von Braunkohlen-Eisenerz-Briketts
1956, 64 Seiten, 28 Abb., 13 Tab., DM 13,95

HEFT 344
Prof. Dr.-Ing. W. Fucks, Aachen
Zur Deutung einfachster mathematischer Sprachcharakteristiken
1956, 38 Seiten, 12 Abb., DM 7,80

HEFT 345
Dipl.-Ing. G. Cerbe und Dipl.-Ing. H. Monstadt, Essen
Konvektive Trocknung mit gasbeheizter Luft und Trocknung durch Gasstrahler
1957, 46 Seiten, 16 Abb., DM 10,40

HEFT 346
Dipl.-Ing. O. Arnold, Aachen
Erfahrungen mit Kernbohrungen zur Lagerstättenuntersuchung im Erzbergbau
1957, 36 Seiten, 2 Abb., 3 Falttaf. 6 Tab., DM 8,80

HEFT 347
S. Ruff, F. Kipp, H. Hansteen und G. Müller, Bonn
Untersuchungen zur Frage der Gehörschädigungen des fliegenden Personals der Propellerflugzeuge
1957, 50 Seiten, 27 Abb., 3 Tab., DM 11,10

HEFT 348
*Prof. Dr.-Ing. E. Piwowarsky
und Dr.-Ing. E. G. Nickel, Aachen*
Metallurgie eines hochwertigen Gußeisens mit kompakter bis kugelförmiger Graphitausbildung
1957, 54 Seiten, 27 Abb., 5 Tab., DM 13,30

HEFT 349
*Dr.-Ing. W. A. Fischer, Dr.-Ing. H. Treppschuh
und Dr.-Ing. K. H. Köthemann, Düsseldorf*
Tiegel aus Schmelzmagnesia für Vakuuminduktionsöfen
1957, 34 Seiten, 14 Abb., DM 8,40

HEFT 350
*Prof. Dr.-Ing. habil. K. Krekeler
und Dr.-Ing. H. Peukert, Aachen*
Das Spannungsverhalten der Kunststoffe bei der Verarbeitung
in Vorbereitung

HEFT 351
*Prof. Dr.-Ing. H. Opitz, Dipl.-Ing. H. Axer und
Dipl.-Ing. H. Rhode, Aachen*
Zerspanbarkeit hochwarmfester und nichtrostender Stähle. Teil I
1957, 96 Seiten, 73 Abb., 2 Tab., DM 21,80

HEFT 352
Dipl.-Ing. H. Fauser, Aachen
Fahrdynamik und Batterie-Arbeitsverbrauch von Akkumulatorenlokomotiven im Untertagebetrieb
1957, 152 Seiten, 78 Abb., DM 36,10

HEFT 353
Forschungsinstitut für Rationalisierung, Aachen
Schlagwortregister zur Rationalisierung
1957, 376 Seiten, DM 56,—

HEFT 354
Dipl.-Ing. D. Wagener, Aachen
Auswirkungen neuer Gaserzeugungs-Verfahren unter Berücksichtigung der Auswirkung auf den Kokereibetrieb
in Vorbereitung

HEFT 355
*Prof. Dr.-Ing. habil. K. Krekeler, Dr.-Ing. H. Peukert und
Dipl.-Ing. A. Kleine-Albers, Aachen*
Heißgas-Schweißungen von Weich-Polyvinylchlorid mit Zusatzwerkstoff
1957, 44 Seiten, 19 Abb., DM 11,—

HEFT 356
Dipl.-Phys. G. Gurke, Aachen
Aufbau einer Meßanlage für Untersuchungen elektrischer Gasentladung im Bereiche großer p. d.-Werte
1956, 38 Seiten, 13 Abb., DM 8,65

HEFT 357
Prof. Dr.-Ing. W. Fucks, Aachen
Mathematische Analyse der Formalstruktur von Musik
in Vorbereitung

HEFT 358
*Prof. Dr. rer. nat. W. Weltzien, Dipl.-Chem. P. Ringel
und Text.-Ing. H. Kirchhoff, Krefeld*
Die Waschechtheit von Färbungen. Vergleichende Untersuchungen auf dem Gebiete der Echtheitsprüfung
in Vorbereitung

HEFT 359
Dr.-Ing. F. J. Meister, Düsseldorf
Veränderung der Hörschärfe, Lautheitsempfindung und Sprachaufnahme während des Arbeitsprozesses bei Lärmarbeitern
*1957, 84 Seiten, 11 Abb., 40 Audiogramme,
41 Tab., DM 19,90*

HEFT 360
Dr.-Ing. E. Barz, Remscheid
Fertigungsverfahren und Spannungsverlauf bei Kreissägeblättern für Holz
1957, 72 Seiten, 40 Abb., DM 17,—

HEFT 361
Dipl.-Ing. H. F. Klein, Aachen
Die nichtstationären Strömungsvorgänge und der Wärmeübergang in einem Schwingfeuergerät
1957, 84 Seiten, 34 Abb., 4 Falttafeln, DM 25,90

HEFT 362
*Prof. Dr. med. G. Lehmann und Dipl.-Phys.
D. Dieckmann, Dortmund*
Die Wirkung mechanischer Schwingungen (0,5 bis 100 Hertz) auf den Menschen
1957, 100 Seiten, 53 Abb., 6 Tab., DM 22,50

WESTDEUTSCHER VERLAG · KÖLN UND OPLADEN

HEFT 363
Dr.-Ing. U. Domm, Frankenthal (Pfalz)
Über eine Hypothese, die den Mechanismus der Turbulenz-Entstehung betrifft
1956, 28 Seiten, 4 Abb., DM 6,45

HEFT 364
Prof. Dr. Th. Beste, Köln
Die Mehrkosten bei der Herstellung ungängiger Erzeugnisse im Vergleich zur Herstellung vereinheitlichter Erzeugnisse
1957, 352 Seiten, DM 50,—

HEFT 365
Sozialforschungsstelle an der Universität Münster, Dortmund
Standort und Wohnort
1957, Textband: 350 Seiten, 28 Karten, 73 Tab.
Anlageband: 15 Karten, 21 Tab., DM 99,—

HEFT 366
Versuchsanstalt für Binnenschiffbau e. V., Duisburg
Bei Flachwasserfahrten durch die Strömungsverteilung am Boden und an den Seiten stattfindende Beeinflussung des Reibungswiderstandes von Schiffen
1957, 96 Seiten, 39 Abb., 28 Tab., DM 20,40

HEFT 367
Dr. rer. nat. D. Horstmann, Düsseldorf
Der Angriff eisengesättigter Zinkschmelzen auf kohlenstoff-, schwefel- und phosphorhaltiges Eisen
1957, 52 Seiten, 22 Abb., 6 Tab., DM 12,85

HEFT 368
Prof. Dr. phil. H. Kaiser, Dortmund
Entwicklung betriebsmäßiger spektrochemischer Analysenverfahren für technische Gläser
1957, 40 Seiten, 11 Abb., DM 9,10

HEFT 369
Prof. Dr.-Ing. R. Jaeckel und Dipl.-Phys. F. J. Schittko, Bonn
Gasabgabe von Werkstoffen ins Vakuum
1957, 48 Seiten, 20 Abb., 6 Tab., DM 13,30

HEFT 370
Dr. phil. habil. F. Schwarz, Köln
Physikochemische Grundlagen der Bildsamkeit von Kalken unter Einbeziehung des Begriffes der aktiven Oberfläche
in Vorbereitung

HEFT 371
Dr. phil. W. Lejeune, Köln
Beitrag zur statistischen Verifikation der Minderheiten-Theorie
in Vorbereitung

HEFT 372
Prof. Dr. phil. M. von Stackelberg, Bonn
Untersuchungen zur Ausarbeitung und Verbesserung von polarographischen Analysenmethoden. 2. Bericht
1957, 44 Seiten, 9 Abb., 7 Tab., DM 10,10

HEFT 373
Dipl.-Ing. H. J. Koch, Essen
Druckgasfeuerung — ein Verfahren zum Betrieb von Gasfeuerstätten
1957, 38 Seiten, 8 Abb., 10 Tab., DM 8,50

HEFT 374
Dr. E. Paproth, Krefeld
Paläontologische Bearbeitung der in den devonischen Schichten des Siegerlandes enthaltenen Faunen
1957, 38 Seiten, 3 Tab., DM 8,30

HEFT 375
Technischer Überwachungsverein e. V., Essen
Wanddickenmessungen mittels radioaktiver Strahlen und Zählrohrgerät
in Vorbereitung

HEFT 376
Technischer Überwachungsverein e. V., Essen
Wasserumlaufprobleme an Hochdruckkesseln
in Vorbereitung

HEFT 377
Technischer Überwachungsverein e. V., Essen
Versuche an Wanderrostkesseln mit befeuchteter Verbrennungsluft
in Vorbereitung

HEFT 378
Oberingenieur H. Stein, M.-Gladbach
Beobachtung und maßtechnische Erfassung der Vorgänge im Spinn- und Aufwindefeld von Ringspinn- und Ringzwirnmaschinen
1957, 104 Seiten, 88 Abb., 3 Tabellen, DM 26,90

HEFT 379
Laboratorium für textile Meßtechnik, M.-Gladbach
Schußfadenspannung beim Weben
1957, 76 Seiten, 17 Abb., 3 Tabellen, DM 18,60

HEFT 380
Dipl.-Phys. R. Trappenberg, Karlsruhe
Theoretische und experimentelle Untersuchungen zur Staubverteilung einer Rauchfahne
1957, 64 Seiten, 7 Abb., 18 Tabellen, DM 14,90

HEFT 381
Dr. J. Juilfs, Krefeld
Zur Dichtebestimmung von Fasern. Methoden und Beispiele der praktischen Anwendung
1957, 76 Seiten, 34 Abb., 18 Tabellen, DM 17,—

HEFT 382
Dr. phil. habil. P. Hölemann, Ing. R. Hasselmann und Ing. G. Dix, Dortmund
Die Messung von Flammen und Detonationsgeschwindigkeiten bei der explosiven Zersetzung von Acetylen in Rohren
1957, 36 Seiten, 7 Abb., 4 Tab., DM 8,10

HEFT 383
Dr. phil. habil. P. Hölemann und Ing. R. Hasselmann, Dortmund
Verlauf von Azetylenexplosionen in Rohren bei Gegenwart von porösen Massen
1957, 68 Seiten, 10 Abb., 15 Tabellen, DM 16,60

HEFT 384
Prof. Dr.-Ing. H. Opitz, Aachen
Schwingungsuntersuchungen an Werkzeugmaschinen
in Vorbereitung

HEFT 385
Prof. Dr.-Ing. H. Opitz, Aachen
Zerspanbarkeit hochwarmfester und nichtrostender Stähle. Teil II
1957, 86 Seiten, 54 Abb., 5 Tabellen, DM 19,30

HEFT 386
Prof. Dr.-Ing. H. Opitz, Aachen
Standzeituntersuchungen und Verschleißmessungen mit radioaktiven Isotopen
in Vorbereitung

HEFT 387
Prof. Dr. med. W. Kikuth und Dozent Dr. med. L. Grün, Düsseldorf
Die Verhütung von Infektion durch Desinfektion des Raumes und der Raumluft
1957, 96 Seiten, 14 Abb., 20 Tab., DM 22,50

HEFT 388
Prof. Dr. rer. nat. habil. W. Baumeister und Dr. rer. nat. H. Burghardt, Münster
Die Bedeutung der Elemente Zink und Fluor für das Pflanzenwachstum
1957, 48 Seiten, 17 Tab. DM 10,20

HEFT 389
Prof. Dr.-Ing. habil. H. Fink und K. W. Hoppenhaus, Köln
Die biologische Eiweiß-Synthese von höheren und niederen Pilzen und die alimentäre Lebernekrose der Ratte
1957, 76 Seiten, 2 Abb., 24 Tab., DM 15,60

HEFT 390
Dr.-Ing. J. Endres und Dr.-Ing. G. Hiebel, München
Berechnung der optimalen Leistungen, Kraftstoffverbräuche und Wirkungsgrade von Luftfahrt-Gasturbinen-Triebwerken am Boden und in der Höhe bei Fluggeschwindigkeiten von 0—2000 km/h und bei vorgegebenen Düsenausströmgeschwindigkeiten
in Vorbereitung

HEFT 391
Prof. Dr. phil. F. Wever, Dr. phil. W. Koch und Dipl.-Chem. F. Stricker, Düsseldorf
Die quantitative spektrographische Analyse von Gasgemischen aus Kohlenmonoxyd, Wasserstoff und Stickstoff
1957, 48 Seiten, 21 Abb., 3 Tab., DM 11,30

HEFT 392
Prof. Dr. phil. F. Wever u. a., Düsseldorf
Untersuchungen über den Konverterrauch im Hinblick auf die spektrale Überwachung des Thomasprozesses
1957, 48 Seiten, 14 Abb., 4 Tab., DM 12,10

HEFT 393
Dr.-Ing. O. Viertel und S. Brückner-Lucas, Krefeld
Arbeitszeitstudien an Haushaltwaschmaschinen
1957, 74 Seiten, 8 Abb., 13 Tab., DM 17,30

HEFT 394
Privatdozent Dr. med. W. Koch, Münster
Die Ablagerung radioaktiver Substanzen im Knochen
in Vorbereitung

HEFT 395
Dipl.-Ing. L. Hahn, Clausthal-Zellerfeld
Untersuchungen zur Frage des optimalen Bohrloch- und Patronendurchmessers
1957, 132 Seiten, 49 Abb., 19 Tab., DM 31,25

HEFT 396
Prof. Dr.-Ing. F. Schultz-Grunow, Dr.-Ing. A. Jogerich, Essen, Dipl.-Ing. H. Meyer, cand. ing. P. Sand, Aachen
Untersuchungen des Luftwiderstandes von Güterwagen
1957, 42 Seiten, 18 Abb., 5 Tab., DM 10,90

HEFT 397
Techn.-Wissenschaftliches Büro für die Bastfaserindustrie, Bielefeld
Ungleichmäßigkeiten in Bändern von Bastfaserkarden, ihre Ursachen und Auswirkungen
1957, 60 Seiten, 18 Abb., 1 Tab., DM 14,80

HEFT 398
Prof. Dr. habil. H. E. Schwiete, Aachen, u. a.
Einlagerungsversuche an synthetischem Mullit I. — Die Zusammensetzung der Schmelzphase in Schamottesteinen I
1957, 58 Seiten, 6 Abb., 9 Tab., DM 14,40

HEFT 399
Prof. Dr. habil. H. E. Schwiete und Dr.-Ing. R. Vinkeloe, Aachen
Möglichkeiten der quantitativen Mineralanalyse mit dem Zählrohrgerät unter besonderer Berücksichtigung der Mineralgehaltsbestimmung von Tonen
in Vorbereitung

HEFT 400
Prof. Dr. phil. W. Fuchs und Dipl.-Chem. H. Weyerstrass, Aachen
Entwicklung eines Heißfilters zur Reinigung von Gichtgas eines mit Kohle betriebenen Niederschachtofens
1958, 88 Seiten, 30 Abb., DM 20,20

HEFT 401
Prof. Dr.-Ing. M. Lipp und Dipl.-Chem. G. Frielingsdorf, Aachen
Darstellung reaktionsfähiger Verbindungen des Camphansystems und Versuche zu deren Fluorierung
1957, 84 Seiten, DM 17,—

HEFT 402
Prof. Dr. W. Linke, Aachen
Die Wärmeübertragung durch Thermopane-Fenster
in Vorbereitung

HEFT 403
Prof. Dr.-Ing. P. Denzel und Dipl.-Ing. W. Cremer, Aachen
Verbesserung der Benutzungsdauer der Höchstlast in ländlichen Netzen durch Anwendung elektrischer Geräte in der Landwirtschaft
1957, 46 Seiten, 23 Abb., DM 12,10

HEFT 404
Prof. Dr. R. Jaeckel und Dipl.-Phys. F. Gross, Bonn
Die Löslichkeit von Gasen in schwerflüchtigen organischen Flüssigkeiten
1957, 46 Seiten, 17 Abb., 1Tab., DM 11,50

HEFT 405
Prof. Dr.-Ing. H. Opitz und Dipl.-Ing. H. Schuler, Aachen
Untersuchungen für einen Wirtschaftlichkeitsvergleich der Feinbearbeitungsverfahren
in Vorbereitung

HEFT 406
W. Kirsch, Remscheid
Entwicklungsarbeiten auf dem Gebiete des Korrosionsschutzes
1957, 86 Seiten, 28 Abb., 11 Tabellen, DM 19,—

HEFT 407
Prof. Dr.-Ing. H. Schenk, Aachen, und Dr.-Ing. W. Wenzel, Bad Godesberg
Entwicklungsarbeiten auf dem Gebiete der Verhüttung von Erzstaub in Schmelzkammern
1957, 82 Seiten, 9 Abb., 18 Tabellen, DM 17,10

HEFT 408
Prof. Dr. phil. F. Wever, Dr.-Ing. W. Lueg und Dr.-Ing. H. G. Müller, Düsseldorf
Kraft- und Arbeitsbedarf beim Warmscheren von Stahl in Abhängigkeit von Temperatur und Schnittgeschwindigkeit
1957, 46 Seiten, 15 Abb., 3 Tab., DM 11,35

WESTDEUTSCHER VERLAG · KÖLN UND OPLADEN

HEFT 409
Prof. Dr. phil. F. Wever, Dr. phil. W. Koch, Dr. rer. nat. Ch. Ilschner-Gensch und Dipl.-Phys. H. Rohde, Düsseldorf
Das Auftreten eines kubischen Nitrids in aluminiumlegierten Stählen
1957, 38 Seiten, 12 Abb., 3 Tabellen, DM 10,10

HEFT 410
Prof. Dr. phil. F. Wever, Prof. Dr. rer. techn. A. Kochendörfer, Dr. phil. nat. M. Hempel, Düsseldorf und Dipl.-Phys. E. Hillenhagen, Köln
Biegewechselversuche mit Flachproben aus Alpha-Eisen-Einkristallen zur Bestimmung der Wechselfestigkeit und der Gleitspuren
1957, 112 Seiten, 58 Abb., 3 Tabellen, DM 30,—

HEFT 411
Prof. Dr. W. Halbsguth und Dr. L. Sommer, Frankfurt/M.
Grundlegende Versuche zur Keimungsphysiologie von Pilzsporen
1957, 100 Seiten, 13 Abb., 32 Tabellen., DM 22,70

HEFT 412
Prof. Dr.-Ing. H. Opitz, Aachen
Kennwerte und Leistungsbedarf für Werkzeugmaschinengetriebe
in Vorbereitung

HEFT 413
Prof. Dr.-Ing. H. Opitz, Aachen
Richtwerte für das Fräsen von unlegierten und legierten Baustählen mit Hartmetall, Teil II
1957, 56 Seiten, 35 Abb., 4 Tabellen, DM 14,40

HEFT 414
Dr. med. H. K. Parchwitz und Dr. med. C. Winkler, Bonn
Speicherung organischer Farbstoffe und künstlich radioaktiver Substanzen in Geschwülsten
1958, 46 Seiten, 14 Abb., DM 13,35

HEFT 415
Prof. Dr.-Ing. W. Paul, Dr. rer. nat. O. Osberghaus und Dipl.-Phys. E. Fischer, Bonn
Ein Ionenkäfig
in Vorbereitung

HEFT 416
Oberreg.-Gewerberat Dipl.-Ing. G. Steinicke, Hamburg
Die Wirkung von Lärm auf den Schlaf des Menschen
1957, 46 Seiten, 14 Abb., 8 Tab., DM 11,60

HEFT 417
Prof. Dr.-Ing. habil. E. Rößger, Berlin
I. Teil: Die Entwicklung des Weltluftverkehrs, Ergänzungsbericht 1954
II. Teil: Die zivile Luftfahrtpolitik der USA
1957, 230 Seiten, 6 Abb., 83 Tab., DM 48,—

HEFT 418
O. Gdaniec, Mülheim/Ruhr
Über die Randlochkarte als Hilfsmittel in der Dokumentation
1957, 44 Seiten, 15 Abb., 8 Tab., DM 10,10

HEFT 419
Dipl.-Ing. K. Brooks
Die Messungen der Reflexionseigenschaften künstlicher und natürlicher Materialien mit quasi-optischen Methoden bei Mikrowellen
1957, 78 Seiten, 52 Abb., DM 20,35

HEFT 420
Dipl.-Ing. M. Vogel, Oberpaffenhofen
Das Spektralgebiet zwischen dem langwelligen Ultrarot und Mikrowellen
1957, 66 Seiten, 2 Abb., DM 13,50

HEFT 421
ORR Dipl.-Volkswirt Dr. H. Rogmann, Düsseldorf
Die Erforschung der Verkehrskonjunktur und der langzeitigen Dynamik in der Verkehrswirtschaft (Zusammenfassung der eingegangenen Stellungnahmen und Vorschläge)
1957, 168 Seiten, 3 Falttafeln, DM 26,60

HEFT 422
Prof. Dr.-Ing. K. Leist und Dipl.-Ing. W. Dettmering, Aachen
Prüfstände zur Messung der Druckverteilung an rotierenden Schaufeln
in Vorbereitung

HEFT 423
Prof. Dr.-Ing. K. Leist und Dr.-Ing. O. Thun, Aachen
Strömungsmessungen über Brennkammer-Wirkungsgrade
in Vorbereitung

HEFT 424
Prof. Dr.-Ing. K. Leist und Dipl.-Ing. I. Weber, Aachen
Spannungsoptische Untersuchungen von rotierenden Scheiben mit exzentrischen Bohrungen
in Vorbereitung

HEFT 425
Dipl.-Ing. H. Lübke, Hamburg
Gasturbinen und Strahlantriebe für Hubschrauber
in Vorbereitung

HEFT 426
Prof. Dr.-Ing. H. Opitz und Dipl.-Ing. W. Scholz, Aachen
Untersuchungen über den Räumvorgang
1957, 74 Seiten, 36 Abb., 7 Tab., DM 16,55

HEFT 427
Dr.-Ing. J. Endres, München
Kinematische Untersuchung eines Zweitakt-Hochleistungs-Dieseltriebwerks mit achsparallelen Zylindern und gegenläufigen Kolben
in Vorbereitung

HEFT 428
Dr.-Ing. J. Endres, München
Untersuchungen der Beschleunigungsverhältnisse eines Zweitakt-Hochleistungs-Dieseltriebwerks mit achsparallelen Zylindern und gegenläufigen Kolben
in Vorbereitung

HEFT 429
Prof. Dr. O. Kuhn, Köln
Selektive Wirkung verschiedener Stoffgruppen auf tierische Gewebe
1957, 54 Seiten, 32 Abb., DM 13,15

HEFT 430
Prof. Dr. G. Garbotz, Aachen und Dr.-Ing. G. Dress, Cadiz
Untersuchungen über das Kräftespiel an Flachbagger-Schneidwerkzeugen in Mittelsand und schwach bindigem, sandigem Schluff unter besonderer Berücksichtigung der Planierschilde und ebenen Schürfkübelschneiden
in Vorbereitung

HEFT 431
Prof. Dr.-Ing. H. Winterhager, Dr.-Ing. R. Kammel und Dipl.-Ing. W. Barthel, Aachen
Fortschritte auf dem Gebiet der Titanmetallurgie 1950—1955
1957, 160 Seiten, DM 34,50

HEFT 432
Dipl.-Phys. R. Werz, Bonn
Die Entwicklung einer Synchrozyklotron-Ionenquelle
in Vorbereitung

HEFT 433
Dr.-Ing. G. Satlow, Aachen
Über einige physikalische und chemische Eigenschaften der Wolle von der gewaschenen Wolle bis zum Kammzug
1957, 72 Seiten, 15 Abb., 19 Tab., DM 15,25

HEFT 434
Dipl.-Ing. W. Rohs und Dr. J. Geurten, Bielefeld
Schlichten für Baumwollgarne
1957, 108 Seiten, 3 Abb., zahlreiche Tab., DM 23,70

HEFT 435
Dipl.-Ing. W. Rohs und Dipl.-Ing. L. Steinmetz, Bielefeld
Die Masseungleichmäßigkeit von Flachstreckenbändern in Abhängigkeit von Verzug und Dopplung
1957, 42 Seiten, 4 Abb., 2 Tabellen, DM 9,90

HEFT 436
Priv.-Doz. Dr. habil. J. Juilfs, Krefeld
Zur Bestimmung der Reißlast (Zugfestigkeit) von Fasern, Fäden und Garnen
in Vorbereitung

HEFT 437
Prof. Dr. G. Schmölders und Dr. I. Meyer, Köln
Geldwertbewußtsein und Münzpolitik. — Das sogenannte Gresham'sche Gesetz im Lichte der ökonomischen Verhaltensforschung
1957, 92 Seiten, DM 20,30

HEFT 438
Prof. Dr.-Ing. H. Winterhager und Dr.-Ing. L. Werner, Aachen
Bestimmung des elektrischen Leitvermögens geschmolzener Fluoride
1957, 52 Seiten, 18 Abb., 10 Tab., DM 11,90

HEFT 439
Prof. Dr. phil. H. Lange, Köln und Dr. rer. nat. R. Kohlhaas, Neuß/Rh.
Anwendung der thermomagnetischen Analyse zum Studium des Umwandlungsverhaltens von Eisenwerkstoffen im Temperaturbereich von —150°C bis +1500°C
in Vorbereitung

HEFT 440
Dr.-Ing. H. Wolf, Aachen
Gekoppelte Hochfrequenzleitungen als Richtkoppler
in Vorbereitung

HEFT 441
Dr. phil. habil. P. Hölemann und Ing. R. Hasselmann, Düsseldorf
Messung des Temperatur- und Druckverlaufes beim Füllen und Entspannen von Dissousgas
1957, 52 Seiten, 6 Abb., 7 Tab., DM 11,25

HEFT 442
Dipl.-Ing. W. Rohs, Text.-Ing. Griese und Text.-Ing. W. Lauer, Bielefeld
Die Auswirkungen der Trocknungsart naßgesponnener Leinengarne auf deren Verarbeitungswirkungsgrad sowie auf die Festigkeits- und Dehnungseigenschaften der Garne und Gewebe
1957, 28 Seiten, 2 Abb., 3 Tab., DM 6,50

HEFT 443
Prof. Dr. phil. W. Weizel und K. Kluth, Bonn
Über die Struktur der positiven Gleitentladungen
1957, 44 Seiten, 30 Abb., DM 12,20

HEFT 444
Dr.-Ing. W. Wilhelm, Aachen
Einfluß der Saugrohrabmessung, der Einlaßsteuerlage und der Größe des Kurbelkastenvolumens auf den Ladungswechsel eines Einzylinder-Zweitakt-Dieselmotors
in Vorbereitung

HEFT 445
Dr.-Ing. E. Barz, Remscheid
Fertigungs- und Prüfverfahren für Feilen
vergriffen

HEFT 446
Dr. med. G. Schäfer
Glutationsstoffwechsel und Sauerstoffmangel
1957, 28 Seiten, 5 Tab., DM 6,40

HEFT 447
Prof. Dr.-Ing. F. Bollenrath, Aachen, Dr.-Ing. H. Füllenbach, Seesen/Harz und Dipl.-Ing. J. Schumacher, Neubeckum/Westf.
Entwicklung rationell arbeitender Spritzkabinen
in Vorbereitung

HEFT 448
Dr. med. C. Winkler, Bonn
Ein Koinzidenz-Szintillometer zum Zwecke der Schilddrüsenfunktionsdiagnostik und der Tumordiagnostik
1957, 32 Seiten, 12 Abb., DM 8,35

HEFT 449
Priv.-Doz. Oberbaurat Dr.-Ing. W. Meyer zur Capellen und Mitarbeiter, Aachen
Bewegungsverhältnisse an der geschränkten Schubkurbel
in Vorbereitung

HEFT 450
Prof. Dr.-Ing. W. Paul, Bonn, und Dipl.-Phys. H. P. Reinhard, M.-Gladbach
Das elektrische Massenfilter als Isotopentrenner
in Vorbereitung

HEFT 451
Prof. Dr. G. Schmölders, Köln
Rationalisierung und Steuersystem
1957, 78 Seiten, DM 17,15

HEFT 452
Prof. Dr. rer. nat. W. Weltzien und Dr. phil. K. Windeck, Krefeld
Veränderungen an Fasern bei der Bleiche mit Natriumchlorid und über einige Vergilbungserscheinungen
1957, 64 Seiten, 3 Abb., 13 Tabellen, DM 14,85

HEFT 453
Forschungsinstitut der Feuerfest-Industrie, Bonn
Die Arbeiten der technisch-wissenschaftlichen Kommission der PRE (Vereinigung der europäischen Feuerfest-Industrie)
1957, 62 Seiten, 9 Abb., 18 Tabellen, DM 14,75

HEFT 454
Dr.-Ing. W. Piepenburg, Dipl.-Ing. B. Bübling und Bauing. J. Behnke, Köln
Haftfestigkeit der Putzmörtel
in Vorbereitung

WESTDEUTSCHER VERLAG · KÖLN UND OPLADEN

HEFT 455
Dr.-Ing. W. A. Fischer, Dr.-Ing. H. Treppschuh und Dipl.-Phys. K. H. Köthemann, Düsseldorf
Erschmelzung von Reinsteisen nach dem Kohlenstoffproduktionsverfahren und Kerbschlagzähigkeit-Temperatur-Kurven dieses Eisens
1957, 38 Seiten, 7 Abb., 6 Tabellen, DM 9,35

HEFT 456
Priv.-Doz. Dir. Dr.-Ing. K. Bungardt, Essen
Zeitstandversuche an austenitischen Stählen und Legierungen
in Vorbereitung

HEFT 457
Prof. Dr. phil. F. Wever, Düsseldorf und Dr. phil. W. Wepner, Köln
Dämpfungsmessungen an schwach gereckten Eisen-Kohlenstoff-Legierungen
1957, 34 Seiten, 7 Abb., 3 Tab., DM 8,40

HEFT 458
Prof. Dr.-Ing. H. Schenck und Dr.-Ing. E. Schmidtmann, Aachen
Das Frischen von Thomas-Roheisen mit Sauerstoff-Wasserdampf-Gemischen und die Eigenschaften der damit erblasenen Stähle
1957, 62 Seiten, 56 Abb., DM 16,35

HEFT 459
Prof. Dr. phil. F. Wever, Dr. phil. O. Krisement und Hanna Schädler, Düsseldorf
Ein isothermes Mikrokalorimeter zur kinetischen Messung von Umwandlungs- und Ausscheidungsvorgängen in Legierungen
1957, 44 Seiten, 14 Abb., DM 10,75

HEFT 460
Prof. Dr. phil. F. Wever und Dr. rer. nat. B. Ilschner, Düsseldorf
Ein isothermes Lösungskalorimeter zur Bestimmung thermo-dynamischer Zustandsgrößen von Legierungen
1957, 44 Seiten, 7 Abb., 4 Tabellen, DM 10,40

HEFT 461
Prof. Dr.-Ing. habil. E. Piwowarski †, Prof. Dr.-Ing. W. Patterson und Dipl.-Ing. F. W. Iske, Aachen
Verbesserung der Zähigkeitseigenschaften von Bessemer-Stahlguß
1958, 54 Seiten, 15 Abb., 16 Tabellen, DM 12,75

HEFT 462
Prof. Dr. rer. nat. J. Weissinger
Zur Aerodynamik des Ringflügels — II. Die Ruderwirkung
Zur Aerodynamik des Ringflügels — III. Der Einfluß der Profildicken
1957, 82 Seiten, 7 Abb., 6 Tabellen, DM 18,20

HEFT 463
Dipl.-Ing. G. Plüss, Essen-Steele
Die Aufteilung der verbrennlichen Bestandteile in Verbrennungsgasen auf CO und H_2 bei Verbrennung mit Luftunterschuß und bei Luftüberschuß und künstlicher Flammenkühlung
1957, 34 Seiten, 7 Abb., 2 Tabellen, DM 8,40

HEFT 464
Dr. phil. habil. P. Hölemann und Ing. R. Hasselmann, Dortmund
Die Möglichkeit der Zündung von Acetylen in Rohrleitungen beim Ausbleiben mit Stickstoff
1957, 38 Seiten, 6 Abb., 6 Tabellen, DM 9,20

HEFT 465
Dr.-Ing. R. Koch, Köln
Amerikanische Fertigungsunterlagen und ihre Werkstattreifmachung für deutsche Betriebe
in Vorbereitung

HEFT 466
Prof. Dr.-Ing. J. Mathieu, Aachen
Überbetrieblicher Verfahrensvergleich
in Vorbereitung

HEFT 467
Prof. Dr. Dr. h. c. E. Klenk und Dr. phil. H. Faillard, Köln
Neue Erkenntnisse über den Mechanismus der Zellinfektion durch Influenzavirus
Die Bedeutung der Neuraminsäure als Zellreceptor für das Influenzavirus
1957, 52 Seiten, 5 Abb., DM 14,40

HEFT 468
Prof. Dr. med. Dr. med. dent. G. Korkhaus und Dr. med. R. Alfter, Bonn
Die Vakuumwurzelbehandlung
in Vorbereitung

HEFT 469
Dr. sc. agr. F. Riemann und Dipl.-Volksw. R. Hengstenberg, Göttingen
Zur Industrialisierung kleinbäuerlicher Räume
1957, 138 Seiten, 4 Karten, 23 Tab., DM 27,—

HEFT 470
O. Wehrmann
Hitzdrahtmessungen in einer aufgespaltenen Kármánschen Wirbelstraße
1957, 42 Seiten, 14 Abb., 4 Tabellen, DM 10,90

HEFT 471
Prof. Dr. phil. habil. A. Naumann, Dr.-Ing. A. Heyser und Dr. phil. Dipl.-Ing. W. Trommsdorf, Aachen
Der Überdruck-Windkanal in Aachen
1957, 44 Seiten, 20 Abb., DM 11,—

HEFT 472
Dipl.-Ing. A. Freitag, Essen-Steele
Verhalten von Katalytstrahlern bei Betrieb mit Luftvormischung zum Gas und der Verbrennung von Luft gegen eine Gasatmosphäre
in Vorbereitung

HEFT 473
Prof. Dr. phil. F. Wever, Dr.-Ing. W. Lueg und Dipl.-Ing. P. Funke jr. Düsseldorf
Versuche an einer hydraulischen 25 t-Stangenziehbank
1957, 34 Seiten, 11 Abb., DM 8,95

HEFT 474
Dr.-Ing. R. Ibing und Dipl.-Ing. G. Meier, Hannover
Eichung und Entwicklung von Staubentnahmesonden
in Vorbereitung

HEFT 475
Prof. Dipl.-Ing. W. Sturtzel, Obering. Helm und Dipl.-Ing. Heuser, Duisburg
Systematische Ruderversuche mit einem Schleppkahn und einem Binnenselbstfahrer vom Typ „Gustav Koenigs"
in Vorbereitung

HEFT 476
Prof. Dipl.-Ing. W. Sturtzel und Dipl.-Ing. Schmidt-Stiebitz, Duisburg
Einfluß der Hinterschiffsform auf das Manövrieren von Schiffen auf flachem Wasser
in Vorbereitung

HEFT 477
Dr. K. Utermann, Dortmund
Freizeitprobleme bei der männlichen Jugend einer Zechengemeinde
1957, 56 Seiten, DM 12,75

HEFT 478
Prof. Dr.-Ing. habil. W. Petersen und Dr.-Ing. S. Wawroschek, Aachen
Brikettierungsversuche zur Erzeugung von Möllerbriketts unter Verwendung von Braunkohle
1957, 102 Seiten, 42 Abb., 6 Tabellen, DM 24,25

HEFT 479
Prof. Dr.-Ing. W. Wegener, Aachen, und Dipl.-Ing. H. Fourné, Bochum
Ursachen des Überschreitens der Toleranzgrenze nach oben oder unten (Meter pro Gramm) an der Strecke
1958, 60 Seiten, 17 Abb., 3 Tabellen, DM 14,60

HEFT 480
Dr. phil. K. Brücker-Steinkuhl, Düsseldorf
Anwendung mathematisch-statistischer Verfahren bei der Fabrikationsüberwachung
in Vorbereitung

HEFT 481
Oberbaurat Dr.-Ing. W. Meyer zur Capellen, Aachen
Fünf- und sechspunktige Geradführung in Sonderlagen des ebenen Gelenkvierecks
in Vorbereitung

HEFT 482
Dipl.-Ing. R. Pels-Leusden und Dr. K. Bergmann, Essen
Die Frostbeständigkeit von Ziegeln; Einflüsse der Materialzusammensetzung und des Brandes
in Vorbereitung

HEFT 483
Prof. Dr.-Ing. habil. F. A. F. Schmidt, Aachen
Gemischbildungs-, Selbstzündungs- und Verbrennungsvorgänge als Grundlage für Entwicklungsarbeiten an Gasturbinenbrennkammern
in Vorbereitung

HEFT 484
Prof. Dr. habil. H. E. Schwiete und Dr. G. Schwiete, Aachen
Beitrag zur Struktur des Montmorillonit
in Vorbereitung

HEFT 485
Prof. Dr. phil. E. Jenckel, Aachen, Dr. H. Wilsing, Dormagen, Dr. H. Dörffurt, Wesseling/Bez. Köln und Dipl.-Phys. H. Rinkens, Eschweiler
Kristallisation und Hochpolymeren
in Vorbereitung

HEFT 486
Doz. Dr. med. E. Lerche und Dr. med. J. Schulze, Aachen
Hörermüdung und Adaptation im Tierexperiment
in Vorbereitung

HEFT 487
Prof. Dipl.-Ing. W. Blume, Duisburg
Festigkeitseigenschaften kombinierter Leichtbaustoffe im Hinblick auf die Verkehrstechnik, insbesondere des Flugzeugbaus
in Vorbereitung

HEFT 488
Prof. Dr. habil. H. E. Schwiete und Dipl.-Chem. H. Westmark
Beitrag zur Kennzeichnung der Texturen von Schamottesteinen
in Vorbereitung

HEFT 489
Dipl.-Math. K. H. Müller
Strenge Lösungen der Navier-Stokes-Gleichung für rotationssymmetrische Strömungen
1957, 64 Seiten, 23 Abb., DM 14,85

HEFT 490
Hauptstelle für Staub- und Silikosebekämpfung des Steinkohlenbergbauvereins, Essen-Rüttenscheid
Zur Staub- und Silikosebekämpfung im Steinkohlenbergbau
in Vorbereitung

HEFT 491
Prof. Dr. Fr. Lotze und K. Kötter, Münster
Chloridgehalte des oberen Emsgebietes und ihre Beziehungen zur Hydrogeologie
in Vorbereitung

HEFT 492
Prof.-Dr. phil. J. Meixner und B. Manz, Aachen
Zur Theorie der irreversiblen Prozesse in α-Eisen
in Vorbereitung

HEFT 493
Prof. Dr. phil. habil. A. Naumann und Dipl.-Ing. H. Pfeiffer, Aachen
Versuche an Wirbelstraßen hinter Zylindern bei hohen Geschwindigkeiten
in Vorbereitung

HEFT 494
Dipl.-Ing. W. Rohs und Text.-Ing. Griese, Bielefeld
Entwicklung und Erprobung eines verbesserten elektrischen Kettfadenwächtergeschirrs für die Leinen- und Halbleinenweberei
1957, 56 Seiten, 9 Abb., 11 Tabellen, DM 13,—

HEFT 495
Prof. Dr. phil. E. Asmus und Dr. rer. nat. H.-F. Kurandt, Berlin
Einige analytische Anwendungen der Zincke-Königschen Reaktion
in Vorbereitung

HEFT 496
Dipl.-Chem. P. Vogel, Krefeld
Färberische Eigenschaften von zur Herstellung von Verdickungen in der Stoffdruckerei bestimmten Sorten
1957, 38 Seiten, 3 Abb., 3 Tabellen, DM 9,30

HEFT 497
Oberarzt Dr. med. G. Mußgnug, Bottrop
Die Knochenveränderungen und der Knochenstoffwechsel beim Sudeck-Syndrom
1958, 58 Seiten, 18 Abb., DM 13,85

HEFT 498
Prof. Dr.-Ing. H. Zahn und Dr. rer. nat. W. Gerstner, Aachen
Herstellung säurefester technischer Gewebe
1957, 40 Seiten, 8 Tabellen, DM 9,65

HEFT 499
Priv.-Doz. Dr. J. Juilfs, Krefeld
Die Bestimmung des Wasserrückhaltevermögens (bzw. des Quellwertes) von Fasern
in Vorbereitung

WESTDEUTSCHER VERLAG · KÖLN UND OPLADEN

HEFT 500
Priv.-Doz. Dr. J. Juilfs, Krefeld
Vergleichende Untersuchungen am Schopper-Scheuerprüfgerät
in Vorbereitung

HEFT 501
Dipl.-Ing. W. Robs und Dr. J. Geurten, Bielefeld
Untersuchungen in der Leinengarnbleiche
in Vorbereitung

HEFT 502
Prof. Dr. M. Diem und Dr. R. Trappenberg, Karlsruhe
Berechnung der Ausbreitung von Staub und Gas
1957, 200 Seiten, mit zahlreichen Diagr., DM 37,30

HEFT 503
Dr. rer. nat. J. Faßbender, Bonn
Untersuchungen über die Eigenschaften von Cadmiumsulfid-Sandwich-Zellen
1957, 36 Seiten, 8 Abb., DM 8,80

HEFT 504
Prof. Dr. phil. F. Wever, Dr. phil. W. Wink und Dr. rer. nat. W. Jellinghaus, Düsseldorf
Versuchsanordnung zur Messung der Suszeptibilität paramagnetischer Stoffe und Meßergebnisse an Nickel-Chrom- und Kobalt-Nickel-Chrom-Werkstoffen
in Vorbereitung

HEFT 505
Prof. Dr.-Ing. F. A. F. Schmidt und Dipl.-Ing. H. Heitland, Aachen
Einfluß des Selbstzündungsverhaltens der Kraftstoffe auf den Verbrennungsablauf, Wirkungsgrad und Druckverlust von Hochleistungsbrennkammern
in Vorbereitung

HEFT 506
Prof. Dr.-Ing. W. Meyer zur Capellen, Aachen
Der Flächeninhalt von Koppelkurven. — Ein Beitrag zu ihrem Formenwandel
in Vorbereitung

HEFT 507
Prof. Dr. H. Kaiser, Dr. G. Bergmann und Dr. G. Gresze, Dortmund
Kartei zur Dokumentation in der Molekülspektroskopie
in Vorbereitung

HEFT 508
Dr. H. Schmidt-Ries, Krefeld
Limnologische Untersuchungen des Rheinstromes I (Hydrobiologische und physiographische Untersuchungen)
in Vorbereitung

HEFT 509
Dr. Schmidt-Ries, Krefeld
Limnologische Untersuchungen des Rheinstromes I (Tabellenwerk)
in Vorbereitung

HEFT 510
Prof. Dr. rer. nat. W. Groth und Dr.-Ing. K. Bayerle, Bonn
Anreicherung der Uranisotope nach dem Gaszentrifugenverfahren
in Vorbereitung

HEFT 511
H. Wahl, G. Kantenwein und W. Schäfer, Essen
Gesteinsbohr-Modellversuche zur Frage des Drehbohrens, Schlagbohrens und Drehschlagbohrens
in Vorbereitung

HEFT 512
Prof. Dr. H. Strassl, Bonn
Azimut-Monogramme für alle Stundenwinkel und Deklinationen im Bereich der geographischen Breiten von —80° bis +80°
in Vorbereitung

HEFT 513
Prof. Dr. W. Schmitz und Dr. rer. F. Schmitt, Mülheim/Ruhr
Die Verwendung des Magnetbandgerätes zur Speicherung des Kurvenverlaufs elektrischer Ströme
in Vorbereitung

HEFT 514
Dr. rer. nat. M.-E. Meffert, Essen
Die Kultur von Scenedesmus obliquus in Abwasser
1957, 46 Seiten, 7 Abb., 7 Tabellen, DM 10,85

HEFT 515
Prof. Dr. habil. H. E. Schwiete und Dr.-Ing. Chr. Hummel, Aachen
Thermochemische Untersuchungen im System SiO_2 und Na_2O—SiO_2
in Vorbereitung

HEFT 516
Prof. Dr.-Ing. H. Müller, Dipl.-Ing. F. Reinke und Dipl.-Ing. W. Sorgenicht, Essen
Gesamtstrahlungsmessungen der Temperaturstrahlung
in Vorbereitung

HEFT 517
Prof. Dr. med. G. Lehmann und Dr. med. J. Meyer-Delius, Dortmund
Gefäßreaktionen der Körperperipherie bei Schalleinwirkung
in Vorbereitung

HEFT 518
Dr.-Ing. H. Scheffler, Dortmund
Funktionelle Zusammenhänge der dynamischen Einflußgrößen beim handgeführten Druckluft-Abbauhammer und ihre Berücksichtigung für die Konstruktion rückstoßarmer Hämmer
in Vorbereitung

HEFT 519
Prof. Dr. phil. F. Wever, Dr. phil. W. Koch und Dr. phil. S. Eckhard, Düsseldorf
Die spektrographische Bestimmung der Spurenelemente in Stahl ohne vorherige Abbrennung
in Vorbereitung

HEFT 520
Prof. Dr.-Ing. H. Opitz, Dipl.-Ing. H. Obrig und Dipl.-Ing. P. Kips, Aachen
Untersuchung neuartiger elektrischer Bearbeitungsverfahren
in Vorbereitung

HEFT 521
Prof. Dr.-Ing. H. Opitz und Dipl.-Ing. K. E. Schwartz, Aachen
Das Abrichten von Schleifscheiben mit Diamanten
in Vorbereitung

HEFT 522
J. Lorentz und K. Brocks
Elektrische Meßverfahren in der Geodäsie
in Vorbereitung

HEFT 523
K. Eberts
Entwicklungen einiger Meßverfahren und einer Frequenz- und amplitudenstabilisierten Meßeinrichtung zur gleichzeitigen Bestimmung der komplexen Dielektrizitäts- und Permeabilitätskonstante von festen und flüssigen Materialien im rechteckigen Hohlleiter und im freien Raum bei Frequenzen von 9200 und 33000 MHz
in Vorbereitung

HEFT 524
Dr. rer. nat. S. Lockau, Emlichheim
Versuche zur Gewinnung von Kartoffeleiweiß
in Vorbereitung

HEFT 525
Prof. Dr. Dr. h.c. H. P. Kaufmann und Dr. F. Weghorst, Münster
Beiträge zur Chemie und Technologie der Fetthärtung I
in Vorbereitung

HEFT 526
Dr. phil. habil. P. Hölemann und Ing. R. Hasselmann, Dortmund
Einfluß der Oberflächenbeschaffenheit der Wandung auf den Ablauf von Azetylenexplosionen
in Vorbereitung

HEFT 527
Dr. rer. nat. K. G. Müller, Hanau/W.
Wärmeübertragung auf eine Flugstaubströmung im senkrechten Rohr sowie auf eine durchströmte Schüttgutschicht
in Vorbereitung

HEFT 528
Dr. P. Ney und Dr. F. Schwarz, Köln
Physikochemische Grundlagen der Bildsamkeit von Kalken unter Einbeziehung des Begriffs der aktiven Oberfläche
Kristallchemische Betrachtung der Bildsamkeit
in Vorbereitung

HEFT 529
Dr. phil. G. Riedel, Dortmund
Messung und Regelung des Klimazustandes durch eine die Erträglichkeit für den Menschen anzeigende Klimasonde
in Vorbereitung

HEFT 530
Prof. Dr. med. O. Graf, Dortmund
Nervöse Belastung im Betrieb — I. Teil: Nachtarbeit und nervöse Belastung

HEFT 531
Prof. Dr.-Ing. habil. K. Krekeler, Dipl.-Ing. H. Verhoeven und Dipl.-Ing. H. Ernenputsch, Aachen
Autogenes Entspannen bei niedrigen Temperaturen
in Vorbereitung

HEFT 532
Prof. Dr.-Ing. habil. K. Krekeler, Dipl.-Ing. H. Verhoeven und Dipl.-Ing. W. Krieweth, Aachen
Schutzgasschweißen mit kontinuierlich abschmelzender Elektrode von niedriglegierten Kohlenstoffstählen (Sigma-Schweißen)
in Vorbereitung

HEFT 533
Prof. Dr.-Ing. H. Opitz und Dipl.-Ing. W. Hölken, Aachen
Untersuchung von Ratterschwingungen an Drehbänken
in Vorbereitung

HEFT 534
Oberbergamtsdirektor H. Sanders, Dortmund
Seismische Forschungsarbeiten im Ostteil des Grubenfeldes König Ludwig
in Vorbereitung

HEFT 535
Dr.-Ing. J. Lennertz, Köln
Einfluß des Ausbaugrades und Benutzungsgrades nachrichtentechnischer Einrichtungen auf die Gesamtwirtschaft
in Vorbereitung

HEFT 536
Dr. rer. nat. C. W. Czernin-Chudenitz, Krefeld
Limnologische Untersuchungen des Rheinstromes. — Quantitative Phytoplanktonuntersuchungen
in Vorbereitung

HEFT 537
Dr.-Ing. N. Gössl, Frankfurt/M.
Probleme der Zugförderung im Zusammenhang mit der Ausnutzung der Atom-Energie
in Vorbereitung

HEFT 538
Prof. Dr. K. Hinsberg, Düsseldorf
Reaktion zur Frühdiagnose von Krebserkrankungen
in Vorbereitung

HEFT 539
Prof. Dr. L. v. Ubisch, Norwegen
Die philogenetischen Symmetrieveränderungen bei den Seeigeln
in Vorbereitung

HEFT 540
Prof. Dr. rer. nat. H. Krebs, Bonn
Die katalytische Aktivierung des Schwefels
in Vorbereitung

HEFT 541
Prof. Dr. O. Schmitz-DuMont, Bonn
Reaktionen in flüssigem Ammoniak zur Gewinnung von 1. Titanylamid, 2. Oxykobalt (III)-amiden, 3. Ammonobasischen Kobalt (III)-benzylaten
in Vorbereitung

HEFT 542
Dr. phil. nat. G. Zapf, Schwelm
Entwicklung eines Verfahrens zur Herstellung von Formteilen aus Sintermessing
in Vorbereitung

HEFT 543
Prof. Dr. phil. habil. H. E. Schwiete, Dr. phil. H. Müller-Hesse und Dipl.-Ing. G. Gelsdorf, Aachen
Einlagerungsversuche an synthetischem Mullit. Teil II
in Vorbereitung

HEFT 544
Prof. Dr. phil. habil. H. E. Schwiete, Dr.-Ing. A. K. Bose und Dr. phil. H. Müller-Hesse, Aachen
Die Schmelzphase in Schamottesteinen. — Teil II

HEFT 545
Prof. Dr. phil. habil. H. E. Schwiete, Dr. rer. nat. G. Ziegler und Dipl.-Ing. Ch. Kliesch, Aachen
Thermochemische Untersuchungen über die Dehydration des Montmorillonits
in Vorbereitung

HEFT 546
Prof. Dr.-Ing. K. Leist und K. Graf, Aachen
Vergleich von Gleichdruck- und Verpuffungsgasturbinen
in Vorbereitung

HEFT 547
Prof. Dr.-Ing. K. Leist, K. Graf und D. Stojek, Aachen
Das betriebliche Verhalten von Gasturbinen-Fahrzeugen
in Vorbereitung

WESTDEUTSCHER VERLAG · KÖLN UND OPLADEN

HEFT 548
Prof. Dr.-Ing. K. Leist und J. Weber, Aachen
Spannungsoptische Untersuchungen von Turbinenscheiben mit angefrästen und eingesetzten Schaufeln
in Vorbereitung

HEFT 549
Dr.-Ing. R. Merten, Duisburg
Resonanzanpassung bei einem Tiefpaß
in Vorbereitung

HEFT 550
Dr. H. Stephan, Bonn
Elektrisches Standhöhenmeßgerät für Flüssigkeiten
in Vorbereitung

HEFT 551
Prof. Dr. phil. W. Weizel und Dipl.-Phys. B. Brandt, Bonn
Betriebsbedingungen einer stromstarken Glimmentladung
in Vorbereitung

HEFT 552
Dr.-Ing. G. Leiber und Dipl.-Ing. D. Schauwinhold, Duisburg-Hamborn
Versuche zur Erzeugung halbberuhigten Stahles
in Vorbereitung

HEFT 553
Prof. Dr. rer. pol. G. Garbotz und Dipl.-Ing. J. Theiner, Aachen
Untersuchungen der Walzverdichtungsvorgänge auf Lößlehm, Kies und Schotter
in Vorbereitung

HEFT 554
Prof. Dr.-Ing. H. Müller, Essen
Untersuchung von Elektrowärmegeräten für Laienbedienung hinsichtlich Sicherheit und Gebrauchsfähigkeit. — Teil II: Temperaturen an und in schmiegsamen Elektrogeräten
in Vorbereitung

HEFT 555
Prof. Dr. med. H. Elbel und Dipl.-Phys. K. Sellier, Bonn
Der Nachweis kleinster CO-Mengen in Körperflüssigkeiten
in Vorbereitung

HEFT 556
Prof. Dr. A. Gütgemann und Dr. med. G. Karcher, Bonn
Klinische und experimentelle Untersuchungen mit Hilfe einer künstlichen Niere
in Vorbereitung

HEFT 557
Dr.-Ing. H. Schiffers, Dipl.-Ing. D. Ammann, Dipl.-Ing. E. Brugger und R. Dicke, Aachen
Härtbarkeit von Gußeisen mit Lamellen- und Kugelgraphit in Abhängigkeit von Zusammensetzung und Gefüge
in Vorbereitung

HEFT 558
Dr. phil. C. A. Roos, Aachen
Menschlich bedingte Fehlleistungen im Betrieb und Möglichkeiten ihrer Verringerung
in Vorbereitung

HEFT 559
Prof. Dr. H. E. Schwiete und Dipl.-Chem. R. Gauglitz, Aachen
Die Verflüssigung von Montmorillonitschlämmen
in Vorbereitung

HEFT 560
Prof. Dr. med. J. Vonkennel und Dr. G. Froitzheim, Köln
Zur Prüfung silikonhaltiger Hautschutzsalben
in Vorbereitung

HEFT 561
Prof. Dipl.-Ing. W. Sturtzel und Dr.-Ing. Schmidt-Stiebitz, Duisburg
Verbesserung des Wirkungsgrades von Düsenpropellern durch zusätzlich angeordnete Mischdüsen
in Vorbereitung

HEFT 562
Prof. Dr.-Ing. H. Schenck, Prof. Dr. phil. habil N. G. Schmahl und Dr.-Ing. G. Funke, Aachen
Die Reduzierbarkeit von Eisenerzen
in Vorbereitung

HEFT 563
Dr. D. v. Oppen, Dortmund
Beiträge zur Soziologie der Gemeinde im Ruhrgebiet.— II. Familien in ihrer Umwelt
in Vorbereitung

HEFT 565
Dr. K. Hahn und Dr. R. Mackensen, Dortmund
Beiträge zur Soziologie der Gemeinde im Ruhrgebiet. — IV. Die kommunale Neuordnung des Ruhrgebietes, dargestellt am Beispiel Dortmunds
in Vorbereitung

HEFT 566
Dr. H. Klages, Dortmund
Der Nachbarschaftsgedanke und die nachbarliche Wirklichkeit in der Großstadt
in Vorbereitung

WESTDEUTSCHER VERLAG · KÖLN UND OPLADEN

If you have any concerns about our products,
you can contact us on
ProductSafety@springernature.com

In case Publisher is established outside the EU,
the EU authorized representative is:
**Springer Nature Customer Service Center GmbH
Europaplatz 3, 69115 Heidelberg, Germany**

Printed by Libri Plureos GmbH
in Hamburg, Germany